青少年人工智能编程创新
教育丛书

SCRATCH

编程思维一点通 下册

邹赫　姚国才　编著

（视频教学版）

清华大学出版社

北京

内 容 简 介

本书以皮亚杰的"建构主义学习理论"为核心指导思想，以问题驱动式学习（Problem-Based Learning，PBL）为核心教学方法，将"提出问题—分析问题—解决问题"的逻辑思维过程贯穿于全书各知识点的构建中。在内容的组织上，借鉴 Scratch 少儿编程之父雷斯尼克的"创造性学习螺旋及 4P 法则"，创新性地提出了"6A 教学法"：Arouse（激发兴趣）、Ask（提出问题）、Analyze(分析问题）、Act（解决问题）、Acquire（收获总结）和 Assess（测评巩固）。希望学生通过学习本书，不仅在解决问题的过程中自然地掌握相关知识，更重要的是形成创造性思维。

全书（上、下册）基于 Scratch 3.0 编写，分为 8 章，第 1 章为准备内容，介绍主流编程语言的类型及特点、Scratch 的发展和界面；第 2 ～ 4 章为 Scratch 基础内容，介绍运动、画笔、外观、造型、声音、音乐等基础功能，让学生使用简单方法就能轻松完成声色并茂的作品；第 5 ～ 8 章为 Scratch 进阶内容，介绍事件、侦测、数据、运算、函数、自制函数积木、控制、算法结构等高级功能，让学生掌握更系统的编程逻辑，能完成功能更强大的作品。本书为下册，包括第 5 ～ 8 章内容。

全书附赠 30 个案例的在线编程视频和程序代码，并提供原始素材文件、辅导老师在线答疑服务，适合青少年学习使用，其中 8 岁以下的学生建议在家长的陪伴下使用。此外，本书还可以作为校内少儿编程兴趣班和校外少儿编程培训机构的辅导用书。

图书在版编目（CIP）数据

Scratch 编程思维一点通：视频教学版. 下册 / 邹赫，姚国才编著. —北京：清华大学出版社，2022.8
（青少年人工智能编程创新教育丛书）
ISBN 978-7-302-60056-5

Ⅰ．①S… Ⅱ．①邹…②姚… Ⅲ．①程序设计 – 青少年读物 Ⅳ．① TP311.1-49

中国版本图书馆 CIP 数据核字（2022）第 016612 号

策划编辑：盛东亮
责任编辑：钟志芳
封面设计：李召霞
责任校对：郝美丽
责任印制：杨 艳

出版发行：清华大学出版社
    网　　　址：http://www.tup.com.cn，http://www.wqbook.com
    地　　　址：北京清华大学学研大厦A座　　　　　邮　编：100084
    社 总 机：010-83470000　　　　　　　　　　邮　购：010-62786544
    投稿与读者服务：010-62776969，c-service@tup.tsinghua.edu.cn
    质量反馈：010-62772015，zhiliang@tup.tsinghua.edu.cn
    课件下载：http://www.tup.com.cn，010-83470236
印 装 者：小森印刷霸州有限公司
经　　销：全国新华书店
开　　本：180mm×210mm　　印　张：$9\frac{1}{6}$　　字　数：206千字
版　　次：2022年9月第1版　　印　次：2022年9月第1次印刷
印　　数：1～2000
定　　价：79.00元

产品编号：083484-01

推荐序

　　我所在的北京市第八十中学是全国信息学奥林匹克基地和特色校，历来重视对信息学拔尖人才的培养，从这里走出了一大批在国内外信息学奥林匹克竞赛中取得卓越成绩的学生，其中有 20 多人保送清华大学、北京大学。如今，少儿编程与信息学奥林匹克竞赛得到了日益广泛的关注，向我咨询问题的家长也越来越多。其中，最频繁被咨询的两个问题为：如何判断我家孩子适不适合学习信息学奥林匹克竞赛的相关知识？有必要学习 Scratch 图形化编程吗？

　　至于问题 1，我觉得很难回答，因为小学生和中学生还具有很强的可塑性，不宜过早下断言。我更愿意跟家长分享如何培养孩子的信息学素养。基于多年教学经验，我发现信息学特长生普遍具有两个特点：数学好、爱动脑。鉴于爱动脑是真正学好数学的基础，可以说"爱动脑"是信息学特长生最本质的特征。因此，我认为培养信息学素养最核心的任务就是鼓励学生勤动脑，尽量避免不动脑地记忆书本知识。

　　至于问题 2，我认为 Scratch 对于从未接触过编程的小学生和中学生是很好的编程入门工具。首先，Scratch 不失专业性，在图形化编程中同样可以原汁原味地学到变量、列表、逻辑运算等通用编程知识；其次，Scratch 极具趣味性，丰富的互动多媒体表现形式让 Scratch 比 Python、C++ 等编程语言更容易让初学者建立起学习兴趣；再次，Scratch 具有扩展性，可以用于 Arduino/Micro:bit 等智能单片机的快速开发，实现对智能家居、机器人、无人机等科技作品的智能控制。

　　近年来，经常有家长让我推荐编程入门学习资料，因此我对市面上的编程入门书做了大致的调研。虽然市面上已经有众多的 Scratch 编程书，但是大部分效仿了大学编程书的写法，类似案例步骤的说明书，缺少对读者思维的引导，在知识点衔接上存在难度跳跃现象，给低龄学生的自学带来了不小的挑战。学生往往在学习"卡顿"后将编程书束之高阁，学习编程的热情也逐渐冷却。因此对家长和学生来说，选择理想的编程入门书还是比较重要的。

本套编程书在降低编程学习入门门槛方面做了大量努力：基于建构主义的案例编排手法有助于学生循序渐进地掌握知识，有效地避免了知识点的难度跳跃；丰富翔实且按步骤分解的操作视频可以在学生卡顿时第一时间给予帮助；以问题为切入点的写作方式让学生有跟老师对话的互动感，激发了学生的大脑活跃度，避免了被动的知识灌输。

本书相比于步骤说明书式的编程书具有很大的改善，可以作为小学生和中学生入门信息学奥林匹克竞赛的编程启蒙书，第一次接触编程的小学生和中学生都可以选用。

贾志勇

北京市第八十中学信息技术教研组组长

北京市骨干教师、北京市信息学名师工作室主持人

全国信息学奥林匹克竞赛金牌教练

前　言

　　无论您是正在书架前徘徊着帮孩子挑选 Scratch 入门图书的父母，还是正在给自己挑选 Scratch 教学参考资料的教师，或是想开始学习 Scratch 的有志青少年，都建议您认真阅读这个前言，这不仅有助于您判断本书是不是适合，也有助于加深您对少儿编程的理解。

1. 写作动机

　　人类历史中最伟大的发明是什么呢？有人认为是印刷机，有人说是蒸汽机、电灯、计算机、互联网，然而有个人的答案却是"幼儿园"。

　　提出这个观点的人正是 Scratch 少儿编程之父雷斯尼克，他从幼儿园孩子的学习过程中提炼出了"创造性学习螺旋理论"，并应用于全球最"牛"的工科大学——麻省理工学院的教育教学中。研究发现该方法对于提升大学生的创新能力具有非常显著的效果，表明该方法不仅仅适用于幼儿园小朋友，也适用于任何年龄段的学生。雷斯尼克还在麻省理工学院组建了"终身幼儿园"实验室，推广并践行该理论。

　　Scratch 正是雷斯尼克践行"创造性学习螺旋理论"的成果，他希望借助 Scratch，让青少年像幼儿园小朋友一样进行快乐、健康的学习，通过"重新创造"来理解这个世界，通过"自由创造"来表达自己，通过"反思创造"来提升知识能力，而不是被动地接收外界强加的知识和信息。如今，连哈佛大学本科生的计算机科学课程（CS50）都鼓励大学生用 Scratch 进行编程创作，可见低门槛、高天花板、宽围墙的 Scratch 已经当之无愧地坐稳了少儿编程第一语言的宝座。

在过去的 10 年里，全球已经有数千万孩子使用 Scratch 创建了自己的作品，这让雷斯尼克非常欣慰。目前 Scratch 在我国的渗透率还相对较低，但是近几年增速明显，越来越多的中国孩子投入到了 Scratch 编程的学习中。

福禄贝尔于 1837 年开办第一家幼儿园，就是为了改变落后的"广播教育"：教师在教室前面讲授信息，学生们坐在各自的座位上，仔细地记下这些信息，并不时地背诵自己写下来的内容，他们很少进行甚至不会进行课堂讨论。福禄贝尔给孩子们提供与玩具、工艺材料和其他物体的接触机会，让孩子们通过"重新创造"来理解这个世界。他还创造了 20 款玩具，这些玩具被称为"福禄贝尔的礼物"。福禄贝尔的思想和他的"礼物"对著名教育理论家和实践家蒙台梭利产生了深远影响，还启发了玩具制造商，诞生了"乐高"等教育玩具。

在我国，受传统"应试教育"模式根深蒂固的影响，以及升学压力的干扰，有些 Scratch 课程变成了一种披着素质教育"羊皮"的应试教育，很多课程和书本都在灌输知识点，很多比赛和考级都在考查学生对知识点的掌握程度。"广播教育"盛行的少儿编程渐渐走形，学习开始变得不再以学生为中心，不注重解决问题的思维过程，越来越少的人（包括爱子如命的父母们）会去真正关心学习编程的孩子到底是不是真的快乐。在"广播教育"面前，人们更关心学生是不是一个安分老实的听众，并不希望听到不一样的声音。

然而，笔者对国内的少儿编程教育还是充满信心的，因为有很多有情怀的教育工作者在投入精力、为之奋斗，所以越来越多的优质学习资源出现在网络上，越来越多的好书相继出版，也有越来越多的编程小创客走进大众的视野，这些都是信心的源泉。笔者深刻认同雷斯尼克的教育理念，在 6 年多的少儿编程教学过程中（两位笔者都曾经作为外聘教师到中国人民大学附属中学、北京市第四中学、清华大学附属中学、北京中科启元学校等中小学讲授编程课，创办过一家少儿编程学习中心）也积累了一些引导学生进行思考的互动经验，因此一直想结合自己的教学经验撰写一套融入学习方法的 Scratch 图书，为我国少儿编程教育事业的发展尽绵薄之力。在一次跟清华大学出版社盛东亮、钟志芳两位编辑的交流过程中，了解到两位老师也对少儿编程领域极为关注，一直想策划一套相关图书，因此一拍即合，立项了本套图书。

2. 写作历程

笔者在教学过程中积累了丰富的案例资源及相关教学经验，此外，还曾负责两本"教育部全国普通高中通用技术国标教材"《机器人设计与制作》和《智能家居应用设计》的编写工作。教育部国标教材的高标准要求在很大程度上锻炼了笔者的写作能力，因此，笔者信心满满地答应 5 个月内交齐稿件，然而，这一写就是两年。

首先是在案例的选择上，发现原本积累的案例资源在难易程度上无法直接为每位学生搭建出循序渐进的难度阶梯，因为很多知识点依赖现场教学中与学生交流的个性化指导，要将知识点与案例顺畅融合，使每个学生学习"不卡顿"，并让书本成为"会引导的老师"，这并非易事。所以目前见诸纸端的案例很多是重新设计的。

其次是在内容的组织上，最开始借鉴了大学计算机教材的"操作步骤详解"加"知识要点说明"的内容组织方式，却发现无论如何精心地设计"知识要点说明"，都无法完整地表现出其背后的思维过程，难以传递课堂中的启发式引导，而且读者完全可以忽略操作步骤之外的任何说明。因此，笔者又花了大量时间学习国内外优秀的计算机图书，基于皮亚杰的"建构主义学习理论"和雷斯尼克的"创造性学习螺旋及 4P 法则"，结合笔者多年来在课堂上的教学互动经验，从而提出了"6A 教学法"：Arouse（激发兴趣）、Ask（提出问题）、Analyze(分析问题)、Act（解决问题）、Acquire（收获总结）、Assess（测评巩固）。"6A 教学法"使本书的案例内容既得到了很好的结构化组织，又保证了表达上的灵活性。

本书的创作过程还经历了突如其来的新冠肺炎疫情，笔者在老家度过了十多年来最长的一个假期，本书的很多内容是在童年时代的书桌上完成的。编写此书的过程让笔者想起了很多童年时期的学习生活场景，那时候的笔者还没见过计算机呢，真羡慕现在的小朋友有这么多好的学习资源。

将 5 个月的稿件拖稿到了两年，最让笔者忐忑的应该就是出版社的催稿了，然而这次幸运地遇到了无比耐心的编辑，从来没有给我们带来交稿的时间压力，而是一再鼓励我们按自己的思路进行创作上的尝试，宁缺毋滥是我们达成的共识。感谢清华大学出版社盛东亮和钟志芳编辑在编写本书过程中的一路陪伴！

3. 本书特点

笔者认为解决问题的思维过程比掌握的具体知识点重要 1001 倍，故本书最大的特点就是努力创造一切让学生进行思考的条件，具体表现在以皮亚杰的"建构主义学习理论"为核心指导思想，以问题驱动式学习 (Problem-Based Learning，PBL) 为核心教学方法，将"提出问题—分析问题—解决问题"的逻辑思维路径贯穿于全书每个知识点的构建中。

本书还具有如下特点：

（1）重视选择真实生活情境作为案例背景。

一方面，孩子们的深层次热情和幸福感来自与真实世界的互动连接，而非虚拟世界的娱乐刺激；另一方面，在人类的思维认知之树中，对现实生活的认知是根，而对虚拟世界的想象是叶，根深方能叶茂。因此，本书用心选择真实生活中的情境作为案例背景，以期培养孩子热爱生活、善于观察生活的品质。例如，以"自然界中的母爱"引出"小鸡保卫战"案例，加深小朋友对母爱的认识及感恩之心；以"久坐问题"引出"体感切水果"案例，让小朋友关注肩颈运动的重要性；以"无人超市"引出"智能小超市"案例，让小朋友关注科技给生活带来的便利。

（2）分析问题时尽量从现实生活寻找类比。

建构主义认为新知识无法灌输进大脑，而是在旧知识基础上生长起来的，找到新旧知识间的关联，并鼓励孩子探索是教学的关键，因此从现实生活中寻找类比，有助于孩子快速地建立起对陌生概念的认知。例如，用哈利波特和西游记里的"咒语"来类比"程序";利用"体温与看病""室温与开风扇 / 空调"这两个生活化例子来解释阈值的概念;通过"爸爸妈妈骑车带我们去上学"来理解顺序结构和选择结构;借"糖醋排骨"的制作流程来讲解算法的含义、特点、流程图绘制方法及基本逻辑结构。

（3）每个案例后都留有个性化创意拓展空间。

编程图书的撰写离不开案例，但是书中只能呈现出案例的一种实现方式。如何给学生留有更多的个性化创作空间呢？本书一方面在"问题分析"中尽量寻找问题的不同解法；另一方面在每个案例后面都留有拓展问题，鼓励学生在每个案例的基础上进行个性化拓展；在"学习测评"环节还给学生准备了与案例类似的设计题，鼓励学生创造性地进行知识迁移。

（4）完成每个案例后及时进行收获总结。

本书在每个案例后都从"生活态度""知识技能""思维方法"三方面进行了收获总结，一方面有助于让学生养成总结、归纳的好习惯；另一方面方便日后复习时的信息检索。

（5）提供丰富的线上学习资源和答疑服务。

笔者提供了在线演示视频、原始素材文件、学员案例作品等线上资源作为本书的有力补充。对于刚入门一个新领域的学习者来说，最害怕的无疑是看着书中的图文指导却依旧在计算机上无法实现程序效果，尤其是对文字理解能力还比较有限的中小学生。因此本书还提供了分步演示视频和分步程序示例，初学者再也不用担心学不会了！

4. 6A教学法

提出并践行"6A 教学法"是本书最大的突破，它是笔者结合皮亚杰的"建构主义学习理论"、雷斯尼克的"创造性学习螺旋及 4P 法则"及自身多年教学经验的思想成果。在撰写本书的同时，笔者已经将"6A 教学法"用于线上线下的少儿编程教学实践，在激发学生主动思考、活跃课堂氛围方面收到了非常好的效果。

"创造性学习螺旋"是指像幼儿园小朋友一样自发地接触和探索周围世界的过程，

包括"想象—创造—游戏—分享—反思—想象"的多次反复循环，具有很大的发散性和不确定性，比较适用于个性化探究式学习，在实际应用过程中，创造性学习螺旋对活动组织者的要求比较高。一方面需要具备比较丰富的知识储备；另一方面需要具备比较好的组织协调能力。雷斯尼克为此提炼出了指导活动组织的"4P 法则"，具体包括项目（Project）、热情（Passion）、同伴（Peers）和游戏（Play）四项，该法则是落实创造性学习螺旋的非常实用的简易思维框架。

"6A 教学法"中的 Arouse 环节侧重于通过真实生活中的情境激发学生的创作热情（Passion），并赋予学生创作的使命感和目标感。书中每节的情景导入即"6A 教学法"中的 Arouse 环节。例如，案例"聪明小管家"通过放眼人类的机器人梦想，鼓励学生用自己的智慧创作出虚拟的机器人小管家，让学生的创作热情油然而生；案例"多彩花儿开"介绍了花儿的美好和凋零的无奈，让学生乐于化身为设计永不凋零花朵的护花使者。

"6A 教学法"中的 Ask—Analyze—Act 环节是创造性解决问题的基本路径，也是进行知识建构的有力工具。首先，在 Ask 环节将案例拆解为一个个循序渐进的问题，引导学生基于问题的螺旋式探究学习；其次，在 Analyze 环节进行"旧辅新知"和"思维点拨"，为学生开展问题分析搭建"脚手架"；最后，在 Act 环节让学生动手解决问题，体会游戏（Play）的乐趣。在上述实施过程中，因为紧密围绕着"提出问题—分析问题—解决问题"的路径进行，本书如同在与学生对话一样，不断启发学生思考，就像是陪伴学生进行探险的同伴（Peers），而不是冷冰冰的说明书。

"6A 教学法"中的 Acquire 和 Assess 环节有助于巩固学生对知识和技能的掌握，并作为效果反馈完成"学以致用"的学习闭环。在本书中，收获总结部分对应 Acquire 环节，以表格形式总结本节主要内容。Assess 环节以答题的方式对知识进行巩固。

5. 使用建议

本书适合青少年学习使用，其中 8 岁以下的学生适合在父母或老师的陪伴下使用。此外，本书还可以作为校内少儿编程兴趣班和校外少儿编程培训机构的辅导用书。

俗话说，"光说不练假把式""纸上得来终觉浅，绝知此事要躬行"。笔者认为对于本书，只看不练就是假学习，希望同学们不要把本书当成故事书来读，而是要边阅读边在自己的计算机上进行创作。

本书提供丰富的在线演示视频、原始素材文件、学员案例作品等线上资源，用手机扫描每个案例相应的二维码即可观看演示视频。

6. 诚挚感谢

本书的两位撰写者既是共同奋斗在青少年科技创新教育路上的"战友"，也是在人生路上长相厮守的伴侣。本书的成功出版，离不开我们相互的理解和支持，创作时，我们轮流在老师与学生的角色中换位体验，若干案例都曾被两人来回修改多轮，也曾因编书结构激烈争论，然而我们始终深知交流碰撞是进步的最佳方式。我们给了彼此不断前进的力量。

感谢我们的父母为我们营造了幸福的家庭环境，让我们能够投入更多的精力到本书的创作之中；感谢中国人民大学附属中学特级教师李作林主任、北京师范大学附属实验中学迟蕊老师等名师在我们刚踏入青少年科技创新教育道路时的启蒙；感谢北京航空航天大学机器人研究所名誉所长王田苗教授高屋建瓴的指导；感谢清华大学出版社盛东亮和钟志芳两位编辑在本书撰写过程中提出的宝贵建议。感谢谢绍玄、李俊慧、吴怡、蔡卓江、毕媛媛、杨钦辰等各位老师在本书创作和视频录制过程中的帮助。最后，还要感谢我们的每一位可爱的学生，你们充满了让人惊叹的创造力和蓬勃旺盛的求知欲，正是你们带给了我们最强的创作动力。

限于我们的水平和经验，疏漏之处在所难免，敬请读者批评指正。

邹　赫　姚国才

2022 年 7 月

目 录

第 5 章　　事件与侦测

　　如果 Scratch 只具有丰富多彩的造型、动画和声音，那么它充其量也就是一个普普通通的软件而已，现在哪部动画片不是兼具上述三者呢？那么 Scratch 还有什么前几章没提到过的超级功能吗？

　　有，那就是 Scratch 的交互功能！我们甚至可以认为交互功能是 Scratch 作品的灵魂，如果缺少了这个灵魂，再精心设计的 Scratch 作品也只是干枯的"躯壳"而已。Scratch 通过"事件和侦测"实现交互式设计，让程序能够跟使用者进行互动交流，让程序充满灵性。

　　本章包含 3 个例子，分别是"飞马侦察兵""聪明小管家""体感切水果"，通过这 3 个案例的学习，同学们将掌握 Scratch 中关于"事件与侦测"的基本控制方法，设计出更加友好的交互式程序。

　　你想让你的 Scratch 作品充满灵性吗？让我们一起开始本章的学习吧！

· 本章主要内容 ·

· 碰撞侦测与触发事件 ·

· 时空侦测与询问回答 ·

· 视频侦测与角色控制 ·

5.1 碰撞侦测与触发事件
——案例15：飞马侦察兵

5.1.1 情景导入

　　俗话说"知己知彼，百战不殆"，两军作战的时候，确切地掌握敌情是特别重要的。飞机最初投入战场主要执行空中侦察任务，侦察机是军用飞机大家族中历史悠久的机种。

　　此外，军队中还有专门用于侦察的兵种——侦察兵，侦察兵的主要任务是深入敌后，侦察敌军的位置。侦察兵的行动非常迅速、灵活，对单兵的体能、敏捷度和综合作战意识都有较高的要求，可以说侦察兵是常规部队中的"特种部队"。

　　我国古代战争中已经有了侦察兵，叫作斥候，出现的时间不晚于商代。电视剧里出现的把耳朵贴到地面的士兵就是侦察兵，因为马蹄振动发出的声音沿土地传播比沿空气传得快，所以贴在地上倾听能使侦察兵及早发现敌方骑兵的活动。

　　下面用 Scratch 设计"飞马侦察兵"的有趣游戏吧！

5.1.2 案例介绍

1. 功能实现

　　小飞马要当一名优秀的侦察兵，现在它有个任务，就是要从冰川山崖上出发，避开敌军守卫，到达冰雪世界里的一座城堡进行侦察。我们通过改变小飞马的坐标，使得小飞马一边向前一边下落地滑翔，当声音的响度高于一定值时，使它向上飞升一段距离。

　　敌方的守卫包括地面上的大熊及空中的巡逻机器人，地面的大熊原地不动，而巡逻机器人则不断从左边缘随机向右飞出。小飞马若被敌方守卫发现，任务就失败了，若能避开他们进入城堡，那就成功了。"飞马侦察兵"界面如图 5-1 所示。

图 5-1　"飞马侦察兵"界面

2. 素材添加

角色：大熊 Bear，机器人 Robot，小飞马 Hippo1，城堡 Buildings。

背景：北极 Arctic，大厅 Hall。

程序效果
视频观看

3. 流程设计

"飞马侦察兵"的流程设计如图 5-2 所示。

图 5-2　"飞马侦察兵"的流程设计

5.1.3 知 识 建 构

1. 控制小飞马的飞行

视频观看

在冰雪世界里，小飞马侦察兵要从高高的冰川山崖上出发，朝着城堡滑翔，一边向前一边下落，并且它视死如归，只能前进不能后退，该如何编程实现呢?

使用坐标控制角色斜向移动

"滑翔"运动的特点是：斜向下飞，即一边向前飞，一边向下落。小飞马的前方是舞台左侧，那么小飞马坐标的变化特点就很明显了：x 坐标变小，同时 y 坐标也变小。因此，我们只需要让 x、y 坐标重复减小，就可以实现滑翔功能了。

让小飞马从冰川山崖上出发，朝着城堡滑翔飞行，需要通过以下两个步骤。

第 1 步：添加背景和角色。

初始背景设置为北极 Arctic，可以看到背景中有高高的冰川；添加城堡角色 Buildings（Buildings 角色有多种造型，本案例选择第 2 种造型），将其拖到背景的左下方并缩放到合适大小；添加小飞马角色 Hippo1，拖动到右上方冰川山崖上；再将角色的大小、位置和方向都调整恰当，如图 5-3 所示。

图 5-3　添加背景和角色

第 2 步：控制小飞马滑翔。

如图 5-4 所示，将初始位置坐标设为（173，137），将角色大小设为 30，面向 -90° 方向且保持左右翻转。切换到北极 Arctic 背景，接着使用"控制"模块中的"重复执行"指令积木，让小飞马的 x、y 坐标都不断减小，使得小飞马能够持续地滑翔，减小的数值大小决定着小飞马的滑翔速度。

图 5-4　控制小飞马滑翔

小飞马的飞行需要一定的灵活性，因此它除了有自动滑翔能力外，当主动控制时，还应有飞升能力。只要声音响度大于一定值，就能让它向上飞升一段距离。如何编程实现呢？

声音的响度能反映声波振幅的大小

你可能会问，声音的响度到底是什么？要回答这个问题，先来了解一下这看不见、摸不着的声音到底是什么。

声音是一种由物体振动产生的声波。声波通过介质（气体、固体或液体）传播，并能被人或动物的听觉器官所感知。例如，我们拍手的时候，手的拍动使得空气振动并向外扩散出去，形成声波，就像池塘里被丢进一颗小石子后，水波向外扩散。声波进入耳朵，引起耳中鼓膜的振动，进而把信号传递给大脑，这样人们就听到了声音，如图 5-5 所示。

响度指的是我们耳朵感受到的声音大小，取决于声波的振幅，振幅越大响度越大。

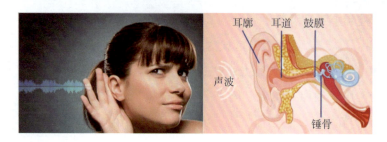

图 5-5　声音的传播

　　设置响度控制的临界值。完全静音的环境下响度为 0，但实际环境做不到完全静音，会有一定微弱的响度。我们想要通过声音响度控制角色的运动，需要设置一个数值作为临界值，当声音的响度超过这个临界值时，就能控制小飞马向上飞一段距离。同时，我们在运行程序时要注意保持周围环境的安静，不要有其他干扰的声音，这样才能更准确地控制小飞马的飞行。

 *Act*

　　（1）实时观察响度值。

　　在"侦测"模块列表中可以看到侦测响度的指令积木 **响度**，如图 5-6 所示，这个椭圆形的积木是一个变量，将其选中时，就能在舞台上看到实时的响度值。在安静环境下，响度值一般为 1 ～ 3，当我们进行单击操作、说话、拍手时，都会引起响度的增加。

　　（2）确定临界值。

　　可以观察拍手时响度升高到的大概数值，从而设定触发飞升的响度临界值，这个临界值不能太低，否则喘口气都容易引起小飞马飞升；也不能太高，否则即便把手拍痛了，小飞马也没能飞起来。推荐将响度临界值设为 20 左右。

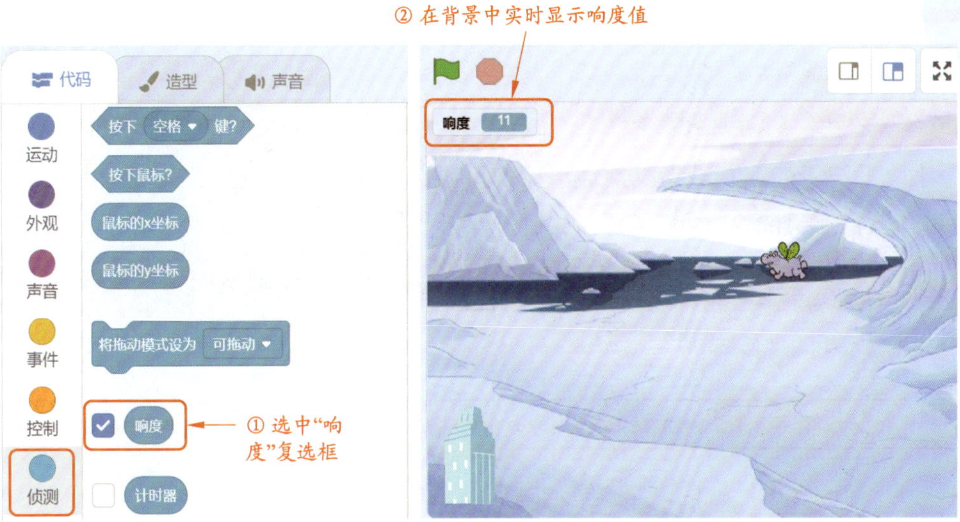

② 在背景中实时显示响度值

① 选中"响度"复选框

图 5-6　实时观察响度值

（3）设置响度的触发事件。

确定了响度临界值之后，就可以用响度控制角色行动了。使用"事件"模块列表中的 当 响度 > 10 作为触发事件，实现目标功能。例如，设定当响度大于 20 时，y 坐标增加 30，如图 5-7 所示，那么拍一次手，小飞马就会向上升高一次，然后继续下落滑翔。

图 5-7　设置响度的触发事件

2. 碰到城堡就进入

视频观看

小飞马终于能朝着城堡灵活地滑翔前进了，只要它碰到城堡，就能进入城堡（将背景转换为大厅 Hall），然后兴奋地说一句"我成功啦！"。

要想实现上述效果，首先要判断小飞马是不是真地碰到了城堡。该如何编程实现呢？

侦测碰撞的3种方法

侦测角色之间的碰撞有多种方法，接下来介绍常用的 3 种。

（1）侦测角色是否碰到某个物体。

使用"侦测"模块列表中的指令积木 碰到 鼠标指针 ？ 可以侦测角色是否碰到某个物体，这个物体可以是某个角色，也可以是鼠标指针或舞台边缘，如图 5-8 所示。

（2）侦测角色是否碰到某种颜色。

使用"侦测"模块列表中的指令积木 碰到颜色 ？ 可以侦测角色是否碰到某颜色，这个颜色可以是角色上的颜色，也可以是背景上的颜色。

图 5-8　侦测角色碰到某个物体

要选取颜色，可以单击"屏幕取色器"按钮，然后通过取色器自带的放大镜准确选取屏幕中某处的颜色。例如，想让小飞马更精确地碰到城堡的白色窗户才进入，那么就可以用取色器选取窗户的白色，如图 5-9 所示。

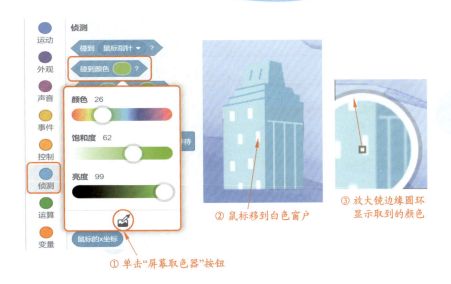

图 5-9 侦测角色碰到某种颜色

（3）侦测两种颜色是否相碰。

使用"侦测"模块列表中的 颜色 碰到 ? 指令积木可以侦测两种颜色是否相碰，如图 5-10 所示。例如，要设定只有小飞马的绿色翅膀碰到城堡的白色窗户时才能进入。需要注意的是，在哪个角色里编程，该角色就是主动者，而另一个被碰到的角色是被动者，需要将主动者角色的颜色放在前面的颜色框，被动者角色的颜色放在后面的颜色框，否则侦测无效。那么本案例在给小飞马角色编程时就需要为前、后两个颜色框分别选取小飞马翅膀的绿色和窗户的白色。

总结：这 3 种侦测方法都比较常用，也有各自的适用范围，需要根据实际情况灵活选择适合的方法。侦测颜色的方法需要满足的条件是，舞台上除目标外的其他角色或背景没有这种颜色，否则会造成错误的侦测。

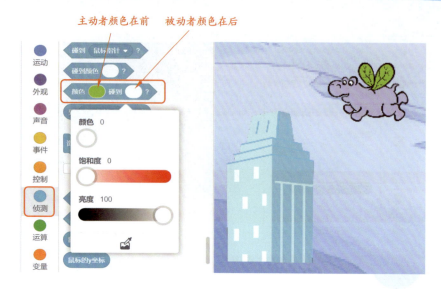

图 5-10　两种颜色相碰

 **Act**

选择第 1 种方法"侦测角色是否碰到某个物体"，侦测小飞马是否碰到城堡。因为在本案例中，背景 Arctic 中也有和窗户一样的白色，如果选择侦测颜色，容易发生误判。

第 1 步：连续侦测是否碰到城堡。

给小飞马角色编写控制程序，侦测条件使用"侦测"模块列表中的 <mark>碰到 角色▼ ?</mark> 指令积木，并使用"重复执行"和"如果……那么……"的连续判断结构指令积木，实现持续不断的侦测，如图 5-11 所示。

第 2 步：实现碰到城堡后的进入效果。

首先添加一个背景（大厅 Hall），当侦测的条件被满足时，切换背景为大厅 Hall，代表进入城堡内部。

图 5-11　连续侦测是否碰到城堡

背景的切换也是一个触发事件，能激发其他角色的功能。选择"事件"模块列表中的指令积木 ，如图 5-12 所示。当背景换成 Hall 时，停止小飞马的滑翔运动，并将小飞马居中、放大显示，说："我成功啦！"。注意，之后如果添加了其他角色，当背景换成 Hall 之后，其他不需要出现在大厅里的角色需要隐藏起来。最终实现效果如图 5-13 所示。

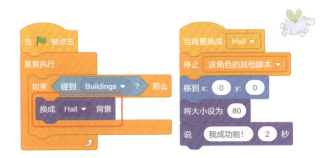

图 5-12 实现碰到城堡后的进入效果

图 5-13 最终实现效果

3. 添加大熊守卫

视频观看

事实上，小飞马侦察兵不可能幸运到畅通无阻地直奔城堡，城堡外就有两只大熊守卫，大熊能侦测到距离自己 80 步范围内的外来者，并立刻报告："发现入侵者！"。如何编程实现大熊的近距离侦测功能呢？

侦测角色之间的距离

测距工具："工欲善其事，必先利其器"。想要测距，先找工具。我们在生活中有多种测距工具，如尺子、手推轮式测距仪、雷达等，如图 5-14 所示。

图 5-14　测距工具

测距积木：在 Scratch 中，有一个软件自带的测距工具，就是"侦测"模块列表中的指令积木 到 角色 ▼ 的距离 。这个积木可以直接计算出本角色到目标角色的距离（本质上是测量两个角色造型中心点之间的距离）。单击这个积木，就能返回一个数字，代表相距多少步，如图 5-15 所示。

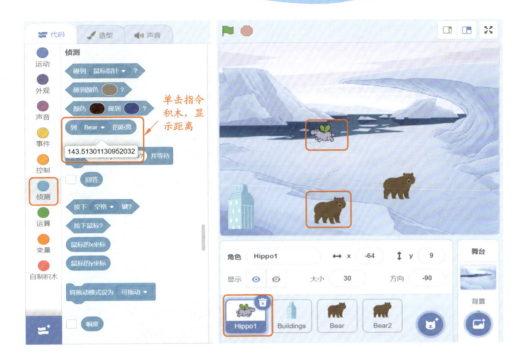

图 5-15 测距积木

测距公式: 指令积木 到 角色 ▼ 的距离 到底是怎样工作的呢?原来,舞台像一张网,上面任意一点都有 x、y 坐标,通过坐标就可以计算出角色之间的距离。如图 5-16 所示,将两个角色 x 坐标的差值设为 a,y 坐标的差值设为 b,角色之间的距离设为 c,那么测距公式为 $c=\sqrt{a^2+b^2}$。如果每次都用这个测距公式计算会很麻烦,所以在 Scratch 中可以使用 到 角色 ▼ 的距离 指令积木直接得出角色之间的距离。

图 5-16 测距公式

 *Act*

第 1 步：设置大熊守卫的初始状态。

添加两个大熊守卫角色 Bear，将大熊守卫放在合适的位置，并调整到合适的大小，如图 5-17 所示，大小可设为 40。

第 2 步：编写测距功能。

使用"重复执行"和"如果……那么……"的连续判断结构指令积木不断地侦测。侦测条件为大熊守卫到小飞马 Hippo1 的距离小于 80，当满足条件时，大熊守卫说："发现入侵者！"。两只大熊守卫的程序一样，如图 5-18 所示。

第 3 步：设置隐藏与显示。

小飞马一旦成功进入城堡，背景换成 Hall，大熊守卫就不再出现，所以需要隐藏，而游戏开始的时候则保持显示，如图 5-19 所示。

图 5-17　设置大熊守卫的初始状态

图 5-18　编写测距功能

 *Ask*

小飞马侦察兵一旦被大熊守卫发现，它就失败了，叹息一声："啊，我失败了！"然后不再滑翔，游戏结束。测距程序是在大熊角色中编写的，如何通过编程把"大熊已经侦察到小飞马"的信息传递给小飞马，让它能知道自己已失败并停止行动呢？

图 5-19　设置隐藏与显示

源于生活的Scratch广播功能

要想在不同角色之间传递信息，广播是常见的方式，如大家都熟悉的校园广播。在广播的信息传递过程中，有两方参与其中，一方是发出广播者，另一方是接收广播者，发出方和接收方都可以是一个或多个，也就是说，可以一对一、一对多、多对一、多对多地广播。除了利用语音方式广播外，也有其他的广播方式，如短信通知、报纸公布、视频直播等。

借鉴生活中的广播原理，Scratch 使用广播的方式进行角色之间的信息传递。在 Scratch 中，任意角色或者背景都能发出广播，而且所有的角色、背景（包括发出广播者本身）都能接收到广播。广播是 Scratch 的重要功能。

广播的新建与命名

与广播相关的指令积木可以在"事件"模块列表中找到。当新建一个广播时，需要单击 广播 消息1▼ 指令积木中的倒三角形按钮，选择"新消息"，在弹出的对话框中输入广播的名字，如"游戏通关！"，之后所有角色和背景就能接收到这条广播，如图 5-20 所示。广播的命名要有意义，以便让人更好地阅读和理解程序。

图 5-20　广播的新建与命名

广播的两种类型

广播有两种类型，分别对应不同效果。例如要实现如下功能：小猫约小猴子和企鹅去打球，小猫问："现在有空吗？"猴子和企鹅分别回答："有空啊！""什么事呀？"小猫接着说："一起去打球吧！"

类型 1：播完即走式。 使用指令积木 广播 打招呼 ▾ 时，广播发出者一发完广播，就立刻去执行下一条指令，因此小猫会连续地说出两句话，第二句话会与猴子和企鹅的回答同时说出，如图 5-21 所示。

图 5-21　播完即走式

类型 2：等待反应式。 使用指令积木 广播 打招呼 ▾ 并等待，广播发出者需要等待广播接收者完成指令后，才能执行自己的下一条指令，因此小猫要等猴子和企鹅都回答完后，才会说出自己的下一句话，如图 5-22 所示。

图 5-22　等待反应式

第 1 步：发出广播。

在大熊守卫侦测到小飞马距离自己足够近后，直接发出广播"失败"，因为广播之后大熊角色不需要等待小飞马的反应，所以用"播完即走式"广播。两只大熊都需要编写侦测程序，如图 5-23所示。

第 2 步：接收广播。

小飞马侦察兵角色接收到广播"失败"时，小飞马说："啊，我失败啦！"并停止一切运动，注意选择的是 停止 该角色的其他脚本 指令积木，否则小飞马说的话无法显示出来，如图 5-24 所示。

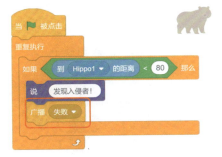

图 5-23　发出广播

图 5-24　接收广播

17

4. 添加空中巡逻机器人

 **Ask**

视频观看

敌方的监控系统升级了，不仅在地面上有大熊守卫，在空中也派出了几个巡逻机器人，它们不断地从左边缘随机出现并向右飞行，碰到右边缘就消失。如何编程实现空中机器人的巡逻呢？

 **Analyze**

随机数的生成

在游戏中增加随机事件，可以增加游戏的可玩性和趣味性。如何让机器人"随机"地向右飞行呢？机器人的"随机"向右飞行包括随机的飞行高度和随机的间隔时间。

"运算"模块列表中有生成随机数的指令积木 **在 ◯ 和 ◯ 之间取随机数** ，可以用于生成随机的飞行高度和间隔时间。如果输入的数字都是整数，那么生成的随机数也是整数；如果输入的数字包含小数，那么生成的随机数就是小数，如图 5-25 所示。

图 5-25　设置随机数

先添加一个机器人 Robot 角色，为它编好程序后，再通过复制产生两个新机器人角色。程序结构如图 5-26 所示。

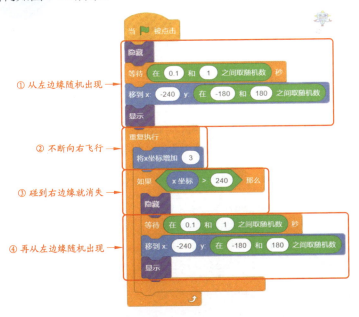

① 从左边缘随机出现

② 不断向右飞行

③ 碰到右边缘就消失

④ 再从左边缘随机出现

图 5-26　添加机器人 Robot 角色并进行设置

若小飞马侦察兵碰到机器人，小飞马就说："啊，我失败了！"然后不再滑翔，机器人也不动了；若小飞马成功进入城堡，机器人就都消失不见了。如何编程实现呢？

一对多的碰撞侦测

要侦测小飞马是否和机器人碰撞，与侦测小飞马是否碰到城堡相似，都是侦测角色是否碰到某个物体。因为有 3 个机器人，所以属于一对多的碰撞侦测问题，具体有两种实现方法。

方法 1：让小飞马去侦测是否碰到任意一个机器人，碰到就广播。

方法 2：让每个机器人角色都侦测是否碰到小飞马，碰到就广播。

因为方法 1 只需要在小飞马一个角色中编程，而方法 2 需要在 3 个机器人角色中分别编程，明显方法 1 比方法 2 简便得多，因此选择方法 1。

用逻辑运算符简化程序

若选择方法 1，小飞马需要侦测是否碰到任何机器人，碰到任何机器人都代表失败。用逻辑运算符简化程序如图 5-27 所示，可以写 3 个选择判断程序块，也可以采用"组合思维"，将多个选择语句通过逻辑运算组合成单个选择语句。例如，将各侦测条件用"运算"模块列表中的指令积木 或 连接起来，组合成一个侦测条件。

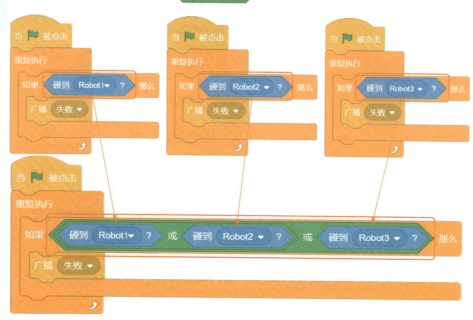

图 5-27　用逻辑运算符简化程序

以方法 1 为例，由小飞马主动侦测并广播，机器人角色接收到广播后就停止运动。而当背景更换时，机器人则隐藏起来，程序设置如图 5-28 所示。

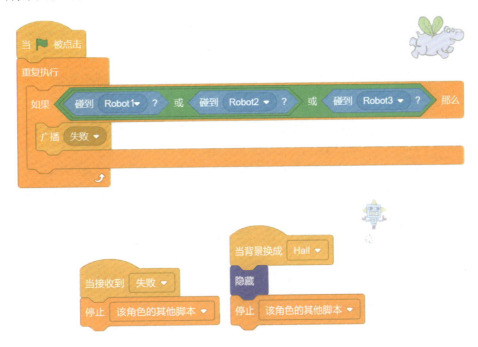

图 5-28　小飞马主动侦测并广播

5.　创意扩展

请自由尝试让小飞马侦察兵的程序更有趣一些。例如：

（1）在游戏中加入背景音乐，增加游戏的趣味性。

（2）增加小飞马的飞行能力，如加入前进和后退功能。

（3）增加守卫的类型和数量，提高游戏的难度和可玩性。

完成程序后保存为"飞马侦察兵 1"。

5.1.4 收获总结

类别	收 获
生活态度	通过了解侦察兵的功能和历史，加强对国防事业的理解
知识技能	（1）使用坐标控制角色斜向移动； （2）声音的响度能反映声波振幅的大小，要用响度触发行动，需要设置临界值； （3）侦测碰撞有 3 种常见方式：侦测角色是否碰到某个物体，侦测角色是否碰到某种颜色，侦测两种颜色是否相碰； （4）用指令积木侦测角色间的距离，并掌握测距公式； （5）使用广播方式跨角色传递消息，广播有播完即走式和等待反应式两种类型； （6）随机数的生成与应用； （7）一对多角色的碰撞侦测可通过逻辑运算符组合侦测条件
思维方法	通过学习"把多个侦测条件通过逻辑运算复合成一个条件简化程序"，培养了组合思维

5.1.5 学习测评

一、选择题（不定项选择题）

1. 下面关于"声音"的说法中，正确的有哪些？（　　　）

   A. 声音是由物体振动产生的声波

   B. 声波只能通过介质 (空气或固体、液体) 传播，在真空中不能传播

   C. 响度指的是我们耳朵感受到的声音大小，声波的频率越大响度越大

   D. Scratch 中用于侦测响度的指令积木在"声音"模块列表中

2. 在 Scratch 中"侦测碰撞"的方法有哪些呢？（　　　）

   A. 侦测角色是否碰到某个形状

   B. 侦测角色是否碰到某个物体

   C. 侦测角色是否碰到某个颜色

D．侦测角色上的某一颜色的部位是否碰到某个颜色

3．在 Scratch 中，获取角色之间距离的指令积木在哪里？（　　　）

　　A．"运算"模块列表　　　　　　　　B．"变量"模块列表

　　C．"控制"模块列表　　　　　　　　D．"侦测"模块列表

4．在 Scratch 中，进行"广播"的指令积木在哪里？（　　　）

　　A．"声音"模块列表　　　　　　　　B．"文字"朗读模块列表

　　C．"控制"模块列表　　　　　　　　D．"事件"模块列表

5．在 Scratch 中，进行"随机数生成"的指令积木在哪里？（　　　）

　　A．"变量"模块列表　　　　　　　　B．"运算"模块列表

　　C．"控制"模块列表　　　　　　　　D．"事件"模块列表

二、设计题

在"打字训练器 2"（如图 5-29 所示）程序的基础上进行修改，在保证程序运行结果不变的情况下，用"广播"功能替代"判断该字母角色是否碰到了√角色的颜色"，完成程序后保存为"打字训练器 3"。

图 5-29　打字训练器 2

提示：在√角色中进行广播，在其他角色中进行接收及相应处理。

5.2 时空侦测与询问回答
——案例16：聪明小管家

5.2.1 情景导入

　　机器人的英文是 Robot，它是 1920 年捷克剧作家卡雷尔·恰佩克在科幻小说《罗萨姆的万能机器人》中所起的名字（捷克文 Robota，原意是劳役、苦工）。在小说中，罗萨姆公司制造出许多像人一样的机器，它们能说话，会走路，可以帮人做各种工作。

　　早在古代，人们就幻想造出与人相仿的智能机器来为自己服务。希腊神话中就有能为克里特岛的国王守卫海岛的青铜巨人塔罗斯。塔罗斯体型巨大，力气惊人，刀枪不入，是国王忠诚的海防保卫官。中国也有大家熟悉的木牛流马的传说，相传木牛流马不需要依靠牲畜牵引就能自动行走，可以为军队运送物资，节省大量人力。到公元 17、18 世纪，世界上出现了一些自动机器玩偶，如日本的端茶玩偶和瑞士的机械抄写员等。这些玩偶是用发条、杠杆和齿轮等零件制作的玩具，虽然还不能真正为人们服务，但可以看作是现代机器人的先驱。

　　小朋友，机器人的思维都是通过编程实现的，让我们在 Scratch 中做一个虚拟的聪明的机器人小管家吧，让它来成为我们生活的小帮手！

5.2.2 案例介绍

1. 功能实现

　　小主人想要制作一个机器人小管家帮助自己提高做事效率，单击功能按钮，小管家能完成相应的任务，其功能界面如图 5-30 所示。

图 5-30 "聪明小管家"功能界面

报告时间：能在舞台上显示当前日期（年、月、日）和动态时间（时、分、秒）。

事情提醒：主动提出"主人，要提醒你做什么事呢？""多久之后提醒你开始做呢？"这两个问题，等时间到了之后，就播放提示音并说话提醒主人。

追踪定位：让小主人的魔法帽在按钮的控制下进行上、下、左、右方向的任意移动，而小管家能动态识别并说出魔法帽的位置坐标。

程序效果
视频观看

2. 素材准备

背景：房间 Bedroom 1。

角色：小管家 Giga、小主人 Dee、魔法帽 Wizard Hat 以及 3 个长方形功能按钮 Button3。

3. 流程设计

"聪明小管家"的流程设计如图 5-31 所示。

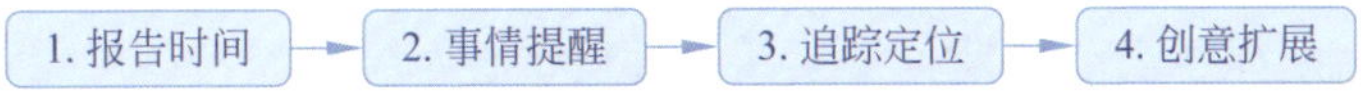

1. 报告时间 ➞ 2. 事情提醒 ➞ 3. 追踪定位 ➞ 4. 创意扩展

图 5-31 "聪明小管家"的流程设计

5.2.3　知 识 建 构

1. 报告时间

视频观看

　　小管家的第一个功能是"报告时间"，包括年、月、日、时、分、秒，使用哪个指令积木能侦测到当前时间呢?

侦测当前时间

　　在 Scratch 的"侦测"模块列表中内置了一个有"日历"和"钟表"功能的指令积木 当前时间的 年 ▼ ，它是一个变量，用于保存当前时间，包括年、月、日、时、分、秒等信息。

　　在"侦测"模块列表中找到指令积木 当前时间的 年 ▼ ，单击倒三角形按钮，打开下拉列表，选择"秒"前面的复选框，舞台区就出现了秒的信息，并实时动态变化，如图 5-32 所示。

　　房间里有小主人和小管家，舞台上原本没有日期，如何实现单击"报告时间"按钮后，舞台上就能显示当前日期（某年某月某日）呢?

图 5-32　侦测当前时间

时间信息的整合

指令积木 当前时间的 年▼ 中已经包含了所有我们想知道的时间信息，不过还只是单个的数字变量，需要我们运用"组合思维"将时间信息进行合并，例如，将 3 个变量"年""月""日"，通过"运算"模块列表中的 连接 □ 和 □ 字符运算指令积木组合成"某年某月某日"的完整信息，如图 5-33 所示。

图 5-33　时间信息的整合

第1步：设置背景和角色。

添加背景： 添加房间 Bedroom 1。

添加角色： 添加小主人 Dee、小管家 Giga、魔法帽 Wizard Hat 和长方形按钮 Button3，放置到合适位置，并设置合适大小。

绘制按钮： 进入"造型"编辑界面，选择按钮 Button3 的第 2 个蓝色造型，修改填充颜色为白色，单击文本工具输入文字"报告时间"，如图 5-34 所示。

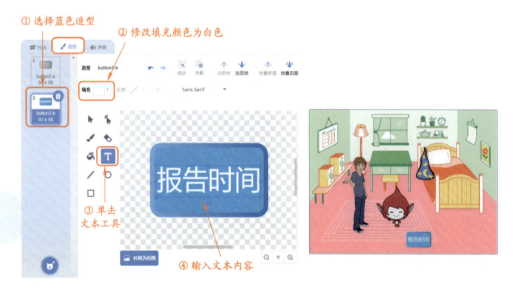

图 5-34　绘制按钮

第2步：创建并显示日期。

当"报告时间"按钮被单击后进行广播。提前在角色 Giga 中创建变量"日期"，等接收到广播后，将"年""月""日"等信息连接起来赋值给"日期"变量并显示，如图 5-35 所示。此外，当单击"绿旗"按钮进行初始化时则隐藏"日期"变量，如图 5-36 所示。

图 5-35 创建并显示日期

图 5-36 隐藏日期

 *Ask*

当前日期（年、月、日）是相对静态的，一天内都不会改变，而要显示的时间（时、分、秒）则是动态的，每一秒都在变化，如何在显示日期的方法上加以改进，实现时间的动态显示呢？

给变量循环赋值存储动态时间

　　创建"时间"变量的方法与创建"日期"变量的方法相同，将"时""分""秒"的数据连接后赋值给变量"时间"。变量在程序开始时隐藏，当单击"报告时间"按钮后出现。因为变量"时间"每秒都在变化，所以它的赋值需要放在"重复执行"的循环程序块中。

　　创建变量"时间"，当小管家接收到"报告时间"的广播时，显示"时间"变量，并重复地将"时""分""秒"信息连接起来赋值给变量"时间"，这样舞台上的"时间"就能像电子钟一样动态显示。此外，在单击"绿旗"按钮进行初始化时隐藏"时间"变量，如图 5-37 所示。

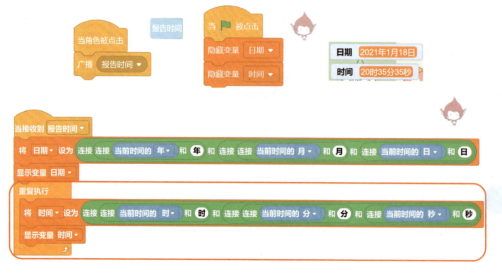

图 5-37　实现时间的动态显示

2. 事情提醒

视频观看

机器人小管家的第 2 个功能是"事情提醒",类似于闹钟,首先要主动询问主人"主人,要提醒你做什么事呢?""多久之后提醒你开始做呢?",等主人输入回答后,它要能够记住主人要做的事情及等待时长,请问如何编程实现呢?

询问与回答:向Scratch程序中输入信息的途径

"侦测"模块列表中有"询问与回答"相关的指令积木,用于向 Scratch 程序中输入信息。"询问与回答"指令积木由"询问"与"回答"两部分组成。 询问 并等待 为询问指令积木,单击后,角色提出问题,同时舞台下方出现输入框,供我们输入文字答案。等输入完答案后选中输入框右侧的对勾确认,或按下键盘上的 Enter 键,所输入的文字就会被保存在变量"回答"中,如图 5-38 所示。

图 5-38　询问与回答

31

设置变量存储回答内容

"回答"变量只能存储一个答案，如果一个问题完成之后又询问了新问题，并输入了新问题的内容，"回答"变量中的内容也会被更新。我们可以给每个问题都设置一个变量，在"回答"的内容被更新之前将其存到对应的变量中。

第 1 步：新建按钮。

跟"报告时间"按钮的设置相同，使用 Button3 角色的第 2 个蓝色造型作为原型，单击文本按钮，输入文本"事情提醒"，绘制成"事情提醒"按钮。当这个按钮被单击之后，发出广播"事情提醒"通知小管家接收任务，如图 5-39 所示。

图 5-39　新建按钮

第 2 步：进行询问与保存答案。

小管家有两个问题："主人，要提醒你做什么事呢？""多久之后提醒你开始做呢（秒）？"，需要使用两次"询问与回答"指令。我们预先创建两个变量"事情"和"等待时长"用来保存两个输入的回答。回答等待时长的问题要输入以秒为单位的数字，代表要等待几秒后提醒，如图 5-40 所示。

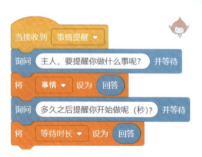

图 5-40　进行询问与保存答案

现在小管家已经知道了要提醒的事情以及等待时长，当输入完成等待时长，小管家马上开始计时，计时结束后播放提示音，小管家说道："主人，现在是该……的时候了。"如何编程实现小管家的计时与提醒功能呢？

Scratch中的计时器指令

秒表计时器："计时"经常在体育课上见到，例如，练习百米赛跑时，老师拿着计时器，发令枪一响就按下启动键，每当一个同学到达终点就按一下记录键，这样若干同学的用时成绩都能保存下来。

计时器指令： Scratch 软件中的计时器就是"侦测"模块列表中的 计时器 指令积木，它是一个实时更新的变量，存储着时间，选中后存储的时间就显示在舞台上，如图 5-41 所示。

图 5-41　计时器指令

Scratch计时器的启动和停止

计时器的启动： 每当单击"绿旗"按钮时，计时器就会从零开始计时。当单击指令积木 计时器归零 时，计时器也会归零并开始新一轮的计时。

计时器的停止： 计时器是 Scratch 指令中的劳动模范，它永远不会停止计时，无论是单击红色的"停止"按钮还是执行 停止 全部脚本 指令积木。

时长的记录： 因为计时器从不停止计时，因此需要借助变量保存计时器在某些时刻的数值。需要记录几个数值，就设置几个变量。

时长的侦测： 计时器记录的时长的单位是"秒"，精度是多位小数，更新速度特别快。以下 5 个程序中，哪些程序能让角色在计时 3 秒时说出"你好！"呢？

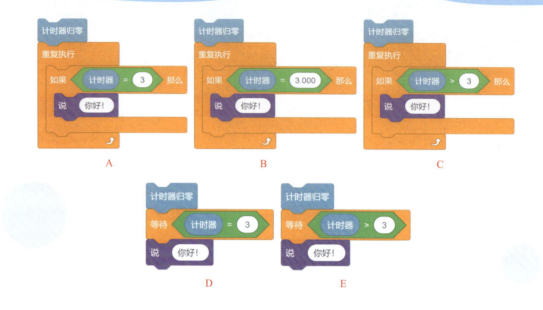

图 5-42　5 种计时器程序

对于 A、B、C 选项，每执行一轮条件判断指令"如果……那么……"都需要一定时长，前后两次执行条件判断指令的时间一般会跨过 3 秒这个值（如 3.012 秒），所以不能采用 计时器 = 3 ，而需要采用 计时器 > 3 作为判断条件。对于 D、E 选项，虽然指令积木 等待 从表面上看没有条件判断指令，但其内在原理也是循环判断，只不过循环的实现封装在积木内部而已，所以也需要采用 计时器 > 3 作为判断条件。综上所述，只有程序 C、E 能让角色说出"你好！"。

第 1 步：侦测时长。

使用"控制"模块列表中的"等待"指令侦测时长是否已经达到预约值，当然不要忘了在侦测之前先把计时器归零。

第 2 步：添加提示音。

在小管家角色中添加提示音，例如，在声音库中选择打鼓的声音 Drum Roll，或者自行录制提示音。

第 3 步：小管家提醒。

当"计时器 > 等待时长"后，小管家播放提示音，并说道："主人，现在是该……的时候了。"（这句话是通过字符连接运算实现的。）

事件提醒的程序如图 5-43 所示。

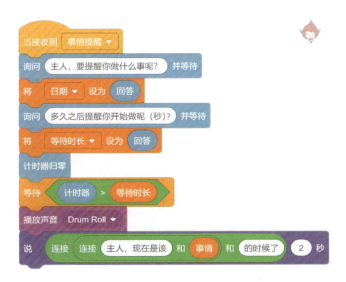

图 5-43　事件提醒的程序

3. 追踪定位

视频观看

小管家的第三个功能是"追踪定位"，需要动态识别物品的位置，例如能连续说出魔法帽的位置坐标。我们首先要让房间里的魔法帽动起来，也就是让它能够在按钮的控制下进行上、下、左、右的移动，该如何编程实现呢？

侦测按键按下的情况

要通过键盘上的按键"↑""↓""←""→"控制角色上、下、左、右移动，涉及"按键的状态侦测"和"角色的运动控制"两部分工作，其中"角色的运动控制"我们已经学过，现在将重点聚焦在"按键的状态侦测"上，它主要有两种方法：单次触发法和连续侦测法。

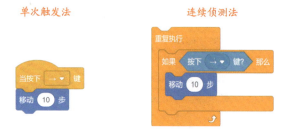

图 5-44　按键的状态侦测

方法 1：单次触发法。使用"事件"模块列表中的 当按下 → 键 指令积木，检测的是"变化量"，看按键状态是否由松开转变为按下。如果按了一下按键就松开，那么只执行一次"移动 10 步"指令；如果按下按键后一直不松开，在 Scratch 2.0 版本中，角色依然只移动 10 步，但在 Scratch 3.0 版本中，角色先移动 10 步，然后停顿约 0.5 秒，之后再移动 10 步，依此类推。

方法 2：连续侦测法。使用"侦测"模块列表中的 按下 → 键? 指令积木，同时需要用到循环选择结构程序块，检测的是"状态量"，看按键是否保持在按下状态。如果按键是按下状态，则角色就开始重复执行"移动 10 步"的指令，直到松开按键，而且角色的移动平滑，不会有卡顿的现象发生。

小结：单次触发法像是普通手枪，每次扣动扳机射出一粒子弹，而连续侦测法像是机关枪，按下扳机后子弹就连续射出。如果希望按下按键后能精确地只移动 10 步，那么适合选择单次触发法；如果希望让角色非常平滑无卡顿地移动，那么适合选择连续侦测法。

Act

为了使魔法帽的移动更加平滑，使用连续侦测法实现按键控制魔法帽的移动。改变指令积木中的数值大小，可以改变魔法帽的移动速度。程序如图 5-45 所示。

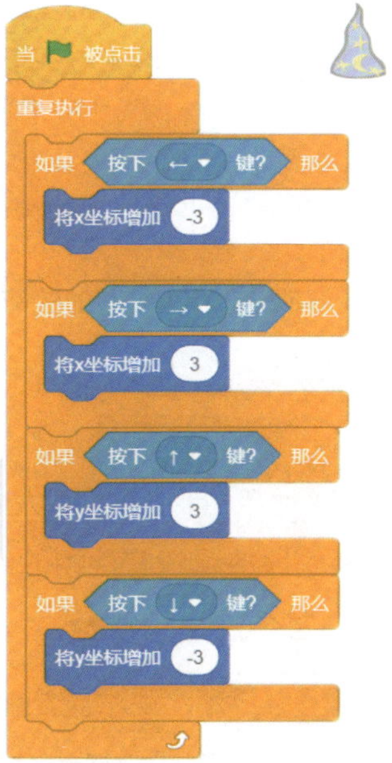

图 5-45　使魔法帽平滑移动程序

Ask

解决了魔法帽的移动问题，下一步就是让小管家追踪魔法帽的位置了。如何实现单击"追踪定位"按钮后，让小管家说出魔法帽的位置坐标呢？

侦测其他角色的信息

打仗时需要知己知彼，方能百战不殆；合作时也需要了解其他伙伴的动态。同样地，在编程时也有必要让某个角色去侦测其他角色或舞台环境的信息，指令积木如图5-46所示。

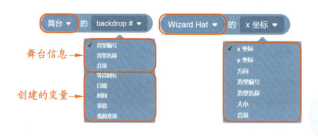

图 5-46　侦测其他角色信息的指令积木

在"侦测"模块列表中，用 ![指令积木] 指令积木可以获得舞台或其他角色的信息。当选中舞台，可获得舞台自身的背景编号、名称、音量及创建的变量等信息；当选中角色，则可获得该角色的坐标、方向、造型、大小、音量及创建的变量等信息。我们可以使用这个指令让小管家轻松地追踪到魔法帽的位置。

四舍五入求整数

单击指令积木 ![Wizard Hat 的 x坐标] ，观察魔法帽角色的坐标，发现侦测到的坐标是多位小数，如果在报告 x、y 坐标时只需要粗略的整数，可以将坐标进行四舍五入的运算，如图5-47所示。

图 5-47　四舍五入求整数

第 1 步：设置按钮。

与前两个功能相同，绘制一个"追踪定位"的按钮，并用广播"追踪定位"传递"按钮被单击"的信息。

第 2 步：实时说出魔法帽的位置。

小管家不仅能侦测到魔法帽的位置，并且能通过字符连接运算，说出完整的一句话，例如"魔法帽的位置是：X（122），Y（15）"。为了让小管家动态识别物品的位置，继续使用"重复执行"指令积木让小管家持续不断地说出魔法帽当前的 *x*、*y* 坐标，程序如图 5-48 所示。

图 5-48　实现实时说出魔法帽的位置的程序

如果将魔法帽设为隐身状态，小管家是不是依然可以追踪到魔法帽呢？

隐藏的角色仍保留角色信息

值得注意的是，显示与隐藏是角色的两种外观状态，隐藏的角色并没有消失，角色的坐标、大小、造型等信息依然存在，因此用 指令依然可以获取到角色的信息。但是在判断角色是否碰撞时，隐藏后的角色则不会再发生碰撞。

Act

控制魔法帽的显示或隐藏。设置按下 1 键隐藏魔法帽，按下 2 键显示魔法帽。可以观察到，无论魔法帽处于显示状态还是隐藏状态，小管家都能实时说出它的位置坐标，如图 5-49 所示。

图 5-49　控制魔法帽的显示与隐藏

4.　创意扩展

请自由尝试让智能小管家的程序更有趣一些，例如：

（1）增加一些典型节日报告，如春节、元宵节、端午节、中秋节等。

（2）嵌入更多生活中的常用功能，如数字计算、播放音乐、讲笑话等。

完成程序后保存为"聪明小管家1"。

5.2.4　收获总结

类别	收获
生活态度	通过了解智能技术给生活带来的便利，激发了对先进科学技术的热爱和向往
知识技能	（1）侦测当前时间； （2）时间信息的组合； （3）通过给变量循环赋值存储动态时间； （4）询问与回答：用文字交流信息； （5）用计时器侦测时长； （6）侦测按键按下的情况； （7）侦测其他角色的信息； （8）角色隐藏的影响
思维方法	通过把分离的"年""月""日""时""分""秒"信息，通过字符连接运算组合成类似电子钟的完整时间表示，锻炼了组合思维

5.2.5　学习测评

一、选择题（单项选择题）

1. 在 Scratch 中，进行"侦测当前时间"的指令积木在哪里？（　　　）

　　A."变量"模块列表　　　　　　　B."侦测"模块列表

　　C."控制"模块列表　　　　　　　D."事件"模块列表

2. 要将 3 个变量"年""月""日"组合成一个表示完整日期的变量"某年某月某日"，需要用到下面哪个模块列表的指令积木？（　　　）

　　　　A."变量"模块列表　　　　　　B."事件"模块列表

C. "控制"模块列表 　　　　　　D. "运算"模块列表

3. 在 Scratch 中，进行"询问与回答"的指令积木在哪里？（　　　）

A. "变量"模块列表 　　　　　　B. "侦测"模块列表

C. "控制"模块列表 　　　　　　D. "事件"模块列表

4. 在 Scratch 中，进行"计时"的指令积木在哪里？（　　　）

A. "变量"模块列表 　　　　　　B. "侦测"模块列表

C. "控制"模块列表 　　　　　　D. "事件"模块列表

5. 为了获得角色的坐标、方向、造型、大小、音量等信息，需要用到下面哪个模块列表的指令积木？（　　　）

A. "变量"模块列表 　　　　　　B. "侦测"模块列表

C. "控制"模块列表 　　　　　　D. "事件"模块列表

二、设计题

已知中国北京时间比美国纽约时间快 12 小时；中国北京时间比法国巴黎时间快 6 小时；日本东京时间比中国北京时间快 1 小时；中国北京时间比英国伦敦时间快 7 小时，请借鉴"聪明小管家"中显示时间的那部分程序，设计一个如图 5-50 所示的能够同时显示多个国家和地区的时间的显示器，完成程序后保存为"时间显示器 1"。

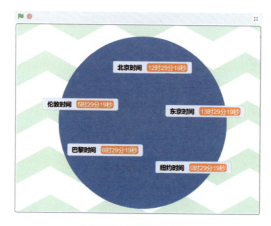

图 5-50　时间显示器 1

5.3　视频侦测与角色控制
——案例17：体感切水果

5.3.1　情景导入

　　根据《2019 中国职场久坐行为白皮书》数据显示：有 43% 的上班族表示自己每天都会坐满至少 8 小时，58.6% 的上班族一次坐着的时间超过 1 小时，其中 39.3% 的人超过 90 分钟。程序员、设计师、媒体人多是久坐族，其久坐时间往往超过 8 小时。

　　"久坐"看起来平常，却是人类健康的杀手之一，早在 2003 年，世界卫生组织就指出，全球每年有 200 多万人间接因久坐而死亡。

　　由"久坐"引起的诸多健康问题中，颈椎病无疑是其中常见的问题之一。大多数人往往习惯坐着身体前倾，这会导致颈椎长时间处于前屈状态，与颈椎正常的生理曲线相违背，长此以往很容易导致颈椎病。如果出现脖子僵硬或是在扭动脖子时发出声响，一定要引起警惕，这可能是颈椎病的前兆。

　　如何让久坐者养成良好的头部与肩颈运动习惯呢？据说 Scratch 可以用来设计体感互动游戏，那就让我们用它设计一款让头部与肩颈运动变得更有趣的体感切水果游戏吧！

5.3.2　案例介绍

1．功能实现

　　制作一款体感切水果的小游戏，目的是帮助爸爸、妈妈等上班族或其他人，坐着也能让头部与肩颈得到运动，同时锻炼注意力和反应力，获得开心快乐的体验。

43

在森林背景中有 3 种水果，会不断随机地从上方落下。程序要求开启摄像头，屏幕呈半透明，拍摄并呈现出玩家的影像。玩家可以摇动脑袋来切水果，只要头部影像划过水果，就能把水果切开，每次加 10 分。如果有水果没有被切到并掉落到了下边缘，游戏就结束，得分越高说明运动控制越好。体感切水果游戏界面如图 5-51 所示。

图 5-51　体感切水果游戏界面

2. 素材准备

背景：森林 Forest。

角色：苹果 Apple、草莓 Strawberry、西瓜 Watermelon。

3. 流程设计

"体感切水果"游戏的流程设计如图 5-52 所示。

程序效果
视频观看

图 5-52　"体感切水果"游戏的流程设计

5.3.3 知 识 建 构

1. 准备背景和角色

视频观看

在森林中切水果（苹果、草莓、西瓜），水果都有"完好"和"被切开"两种造型，"被切开"可以用一道金黄的划痕表示，如苹果的两种造型为 。如何准备素材，尤其是绘制出水果被切开的造型呢？

使用"变形"工具巧绘图

代表水果被切开的划痕一头粗圆、一头尖细，而在"造型"编辑界面的工具栏中只有圆形、方形、直线等基础形状，并没有现成的划痕形状，需要我们利用"变形"工具将圆形变成划痕形状，就像通过揉、捏、拉、伸，将橡皮泥做成各种有趣的形状一样。值得注意的是，"变形"工具只在"矢量图模式"中存在，"变形"工具界面如图 5-53 所示。

Scratch中"变形"工具的两种用法

（1）拖动原有变形点变形：单击"变形"工具后，再单击一下目标图形，就会在图形上出现几个已经标注好的变形点，拖动这些变形点就能使目标图形变形。例如，先画一个正方形，然后单击"变形"工具，再单击正方形，正方形上就会显示出 4 个变形点，单击并拖动其中一个变形点，正方形就会变成梯形。

（2）拖动新增变形点变形：单击"变形"工具并选中目标图形后，如果再单击图形上非变形点的地方，就会新增一个变形点（实心圆），通过拖动这个新增变形点，可以改变原线段的弧度，如果拖动新增变形点两侧的小方向标（方块），则可以控制原线段的凹凸方向。

"变形"工具的使用方法如图 5-54 所示。

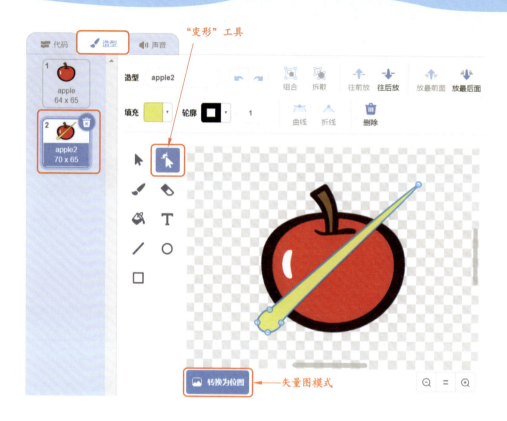

图 5-53 "变形"工具界面

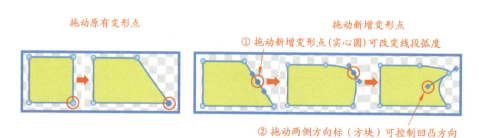

图 5-54 "变形"工具使用方法

第 1 步：添加背景和水果角色。

添加绿色的森林背景，然后添加苹果、草莓、西瓜这 3 个水果角色，并调节它们的大小，使它们看起来差不多大小，如图 5-55 所示。

图 5-55　添加背景和水果角色

第 2 步：增加水果被切开的造型。

水果有"完好"和"被切开"两种造型。以西瓜为例，对于有多个造型的西瓜，我们选取西瓜"完好"的造型，也就是造型列表中的第一个造型，然后复制该造型，并在复制的造型中增加金黄色的划痕。

增加划痕的步骤如下：①复制西瓜造型；②设置填充颜色为金黄色，轮廓颜色为透明；③单击"绘制圆形"按钮；④绘制圆形；⑤单击"变形"按钮；⑥拖动圆上的变形点，斜向上拉成划痕的样子。用相同的方法，给草莓、苹果也添加"被切开"造型，具体操作界面如图 5-56 所示。

图 5-56　增加水果被切开的造型

第 3 步：统一造型位置。

对于 3 种水果角色，都将选中的"完好"造型放在造型的第 1 个位置，将"被切开"造型放在造型的第 2 个位置，并删除其他造型，这样是为了在编程时，复制程序更方便。具体操作界面如图 5-57 所示。

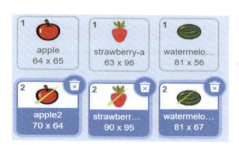

图 5-57　统一造型位置界面

2. 呈现玩家影像

视频观看

体感切水果游戏的目的是促进玩家做头部与肩颈运动，让玩家通过"摇头晃脑"的方式切水果。为了实现这种切水果的方式，需要通过摄像头获得玩家头部运动的视频影像，并呈现在舞台上，以便玩家了解实时状态。那么如何在舞台上实时呈现玩家头部运动的影像呢？

软硬件结合进行视频侦测

Scratch 要想实现视频侦测，需要软硬件结合进行操作。硬件就是计算机上的"摄像头"，软件则是"视频侦测"模块列表的指令，视频侦测是 Scratch 3.0 版本的一个新功能。首先需要单击屏幕左下角的"添加扩展"按钮，然后选择"视频侦测"扩展模块，随后指令区出现该模块列表的 4 个指令积木。

观察视频侦测的 4 个指令积木：一个是触发事件积木 当视频运动 > 10 ，一个是变量积木 相对于 角色 的视频 运动 ，还有两个执行积木 开启 摄像头 和 将视频透明度设为 50 ，如图 5-58 所示。要开启摄像头，需要单击 开启 摄像头 指令积木，之后会弹出"使用摄像头"的申请，单击允许即可。

视频的透明度与叠加效果

要想让摄像头获得的视频与森林背景两个画面同时存在，需要令其中一个画面是半透明的，可以使用指令积木 将视频透明度设为 ◯ 实现。为了方便演示，本书用一只兔子玩偶代表玩家，并将透明度依次设为 0、50、100。当透明度设为 0 时，舞台上只有玩家，森林背景消失；当透明度设为 50 时，玩家与森林背景同时可见；当透明度设为 100 时，舞台上只有森林背景，玩家消失。设置透明度与叠加效果如图 5-58 所示；不同透明度的设置效果如图 5-59 所示。

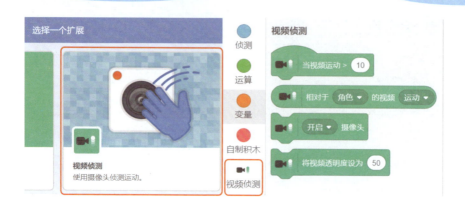

图 5-58　设置透明度与叠加效果

视频透明度为0

视频透明度为50

视频透明度为100

图 5-59　不同透明度的设置效果

由此可见，摄像头获得的视频画面可以叠加在原本的背景之上。当透明度为 100 时，代表全透明，只能看见森林背景；当透明度为 0 时，代表不透明，只能看见玩家视频。视频透明度越高，玩家视频影像就会越模糊，而背景就越清晰，反之亦然，可以根据需要设置透明度。

 *Act*

首先，添加"视频侦测"模块。单击屏幕左下角的"添加扩展"按钮。选择"视频侦测"模块，获得该模块的 4 个指令积木。然后，给"舞台"编程，例如，开启摄像头并将

视频的透明度设定为 50，让舞台森林背景和玩家影像同时显示，如图 5-60 所示。

图 5-60　给"舞台"设置透明度

 **Ask**

指令积木中有两种开启摄像头的方式：一种是"开启"，另一种是"镜像开启"，如图 5-61 所示，到底使用哪种开启方式呢？

图 5-61　开启摄像头的两种方式

 **Analyze**

镜像对称：将图像左右翻转

镜子前的喵星人举起的明明是右爪，而镜子里的喵星人图像举的却是左爪；镜子前的饮料明明写着"优酸乳"，而镜子中的饮料图像却写着"乳酸优"。我们称实物跟镜子中图像的这种"左右翻转"关系叫作镜像对称，如图 5-62 所示。

图 5-62　镜像对称

Scratch中摄像头的镜像对称功能

摄像头和镜子一样，具有镜像对称功能，使用 █◣ 开启▾ 摄像头 ，得到的是左右翻转的镜像，如果要让图像恢复原来的样子，需要使用 █◣ 镜像开启▾ 摄像头 将镜像再左右翻转一次，相当于数学里面的"负负得正"，使得图像恢复为我们眼睛看实物时的正常图像，如图5-63所示。

"开启"摄像头　　　　　　　　　"镜像开启"摄像头

图 5-63　两种开启方式的区别

体验镜像与非镜像视频运动效果：依次选择 █◣ 开启▾ 摄像头 指令和 █◣ 镜像开启▾ 摄像头 指令，玩家头部左右晃动，观察视频效果，结果会发现，在切水果的游戏中，如果普通"开启"摄像头，就像照镜子一样，手往左边移动时，视频里的手也是往左移动，如果选择"镜像开启"，手往左边移动时，在视频里的手反而往右移动，不符合我们的视觉习惯。所以在这个体感游戏里选择普通的"开启"摄像头方式。

3. 设置水果自由下落

*Ask*

视频观看

接下来设置水果自由下落，让水果以"完好"造型出现在舞台上方的随机位置并下落，如果到达舞台下边缘，游戏就结束，如何编程实现呢？

水果自由下落程序设计要点

初始状态设为"完好"造型：新建角色时，为了方便复制程序，已经把"完好"造型放在第 1 个造型位置，现在只需要在角色初始化时设置为第 1 个造型即可。虽然我们无法直接给 换成 ▼ 造型 指令积木填入数字，但是可以用变量［需要设置变量为"仅使用于当前角色"（见图 5-35），以避免同其他角色的互相干扰］或运算积木间接地填入数字。两种设置方法如图 5-64 所示。

图 5-64　水果自由下落的两种设置方法

让角色出现在舞台上方的随机位置：将 y 坐标设为固定值 200，x 坐标设为 -220 到 220 之间的随机数。

设置角色的下落运动：重复执行 将y坐标增加 -10 指令，减少量越大，下落速度越大。

若角色到达下边缘就结束：重复侦测是否 y 坐标小于 -180，若小于 -180 代表水果已经落地，可以结束游戏。

图 5-65　给其中一个水果角色编程

因为所有水果角色都是按同样的方式自由下落，所以先给其中一个水果角色编写程序，再把写好的程序复制给其他水果角色，设置界面如图 5-65 所示。

4. 侦测玩家头部是否划过水果

视频观看

为了实现当玩家头部划过水果时，显示出水果被切开的效果，首先需要具备的功能就是准确侦测玩家头部是否划过水果，该如何实现这个侦测功能呢？

Scratch的"视频侦测"功能所侦测的是运动

Scratch 的"视频侦测"功能并不能识别出某个指定的物体，而只能判断视频图像在与角色重叠的区域是否与角色存在相对运动，因此无论是玩家头部还是手部的运动都会被不加区分地识别出来，无法辨别到底是头部还是手部的运动。当视频中只有头部在与角色重叠的区域里运动时，"视频运动"就等价于"头部运动"，通过指令积木 **◼️ 相对于 角色▾ 的视频 运动▾** 就可以获得头部相对于水果角色的运动数据，当这个数据大于一定值时，就代表头部划过水果。

视频侦测阈值的设定

一般情况下，当体温超过 38℃就需要去医院检查，当室内温度超过 26℃就需要开风扇或者空调，这里的 38℃和 26℃是我们决定是否做某件事的临界条件，也常被称为"阈值"。设置合理的"阈值"对于正确指导行动特别重要，如果把是否需要去医院检查的体温阈值设为 36℃，医院就会人满为患，而如果把体温阈值设为 40℃，会有很多人因此耽误治疗。

在 Scratch 的"视频侦测"功能中，阈值设置得越大，需要玩家头部相对角色的运动速度越大；阈值设置得越小，需要玩家头部相对角色的运动速度越小。

利用条件选择指令积木"如果……那么……"、逻辑判断指令积木 、视频侦测指令积木  共同实现玩家头部是否划过水果的侦测，如图 5-66 所示。

图 5-66　3 个指令积木组合

5. 通过玩家头部运动切水果

视频观看

　　准备好让玩家通过晃动头部来切水果啦！只要头部影像运动着划过水果，就能把水果切开，每次切水果需要：发出切水果的声响，得分加 10 分，水果变为"被切开"造型，0.5 秒后又变为"完好"造型移到舞台上方的随机位置处，等待 0.1 ～ 1 秒随机时间后重新开始下落，该如何编程实现呢？

增加趣味性的"随机"等待时间

　　让被切后的水果重新回到舞台上方，是很经典的游戏设计方法。这时候要增加"等待 0.1 ～ 1 秒随机时间"程序再下落，这是因为我们有时候会快速地一次性切完若干水果，如果不增加随机等待时间，这些水果将会一同掉下来，为了更好地锻炼玩家的头部与颈部，我们希望水果是分散地掉下来的，因此需要增设随机等待时间。

Act

第 1 步：在背景程序中，增加初始化得分为 0 的程序，如图 5-67 所示。

第 2 步：在原程序的循环结构中，增加切中水果的部分程序，包括切中水果的效果（声音、造型、得分），以及随后让水果回归到舞台上方，程序如图 5-68 所示。

图 5-67　增加初始化得分为 0 的程序

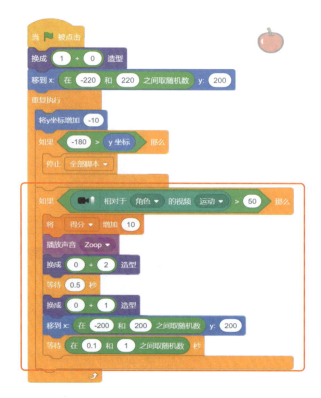

图 5-68　增加切中水果的程序

至此大功告成，快来体验切水果的游戏吧！别忘了设计本游戏的初衷是帮助人们进行头部与肩颈运动，所以真正体验程序时，请让头部距离摄像头足够远，如 30 厘米，这样锻炼效果更佳哦！

6. 创意扩展

请自由尝试让体感切水果的程序更有趣一些，例如：

（1）增加时间限制，不再以碰到下边缘作为游戏结束的标志，而是以规定时间内的得分作为成绩，让每次头部与肩颈锻炼有更确定的时间。

（2）水果下落速度越快，切水果的难度就越高，可以设定不同难度等级，如 1 ～ 5 级，1 级最简单，5 级最难，通过"询问"让玩家自己选择难度等级。

（3）增加一个要躲避下落的小炸弹锻炼玩家的反应能力，如果碰到就要扣分，这样不仅要求玩家切得快，还要切得准。

完成程序后保存为"体感切水果 1"。

5.3.4　收 获 总 结

类别	收　获
生活态度	通过亲自编写出让久坐人士养成良好头部与肩颈运动习惯的体感游戏，提高了主动改变现状的自信心
知识技能	（1）使用"变形"工具巧绘图； （2）通过软硬件结合进行视频侦测，学会开启摄像头； （3）视频的透明度为 0 代表不透明，透明度为 100 代表全透明； （4）摄像头获得的视频画面会叠加在原背景之上； （5）了解镜像效果，镜子里的图像与眼睛所见的实物图像关于镜面对称，会出现左右顺序对调的情况； （6）在 Scratch 中，普通"开启"摄像头指令得到左右翻转的镜像，而"镜像开启"摄像头指令则是消除镜像影响，恢复为我们眼睛看实物的正常图像，体感游戏适合选有镜像效果的视频，即选择普通"开启"摄像头方式； （7）可以通过增加随机等待时间，让游戏体验更有趣味性

续表

类别	收　获
思维方法	通过"体温与看病""室温与开风扇/空调"两个生活中熟悉的例子来了解阈值的概念，锻炼了类比思维

5.3.5　学习测评

一、选择题（不定项选择题）

1. 下面关于 Scratch 中"变形"工具的介绍，正确的有哪些？（　　）

　　A. "变形"工具可以在"外观"模块列表中找到

　　B. "变形"工具可以在"画笔"模块列表中找到

　　C. "变形"工具在"造型"编辑界面的工具栏中

　　D. "变形"工具只在"位量图模式"中存在

2. 下面关于"视频的透明度与叠加效果"的描述中，正确的有哪些？（　　）

　　A. 视频透明度越高，背景越清晰

　　B. 视频透明度越高，背景越模糊

　　C. 视频透明度越高，玩家越清晰

　　D. 视频透明度越高，玩家越模糊

3. 下面关于"摄像头的镜像对称功能"的描述中，正确的有哪些？（　　）

　　A. 摄像头和镜子一样，具有镜像对称作用

　　B. 在 Scratch 指令中，选择"开启"摄像头，得到的是符合视觉习惯的图像

　　C. 在 Scratch 指令中，选择"开启"摄像头，得到的是左右翻转的镜像

　　D. 在 Scratch 指令中，选择"镜像开启"摄像头，得到的是左右翻转的镜像

4. 下面关于"视频侦测"功能的描述，正确的有哪些？（　　　）

    A．Scratch 的"视频侦测"功能可以识别出某个指定的物体

    B．Scratch 的"视频侦测"功能可以判断视频图像在与角色重叠的区域是否存在相对的运动

    C．Scratch 的"视频侦测"功能有办法区分是玩家的头部还是手部的运动

    D．当视频中只有玩家的头部在与角色重叠的区域中运动的时候，"视频运动"就等价于"头部运动"

二、设计题

根据示例（见图 5-69）的提示，设计一个隔空抓机器人的程序，当抓到机器人的时候，机器人会逐渐变成虚像，然后溜到其他随机的位置，接着再逐渐显示出来，程序有积分功能，每次抓住机器人加 1 分，请完成程序后保存为"幽灵机器人 1"。

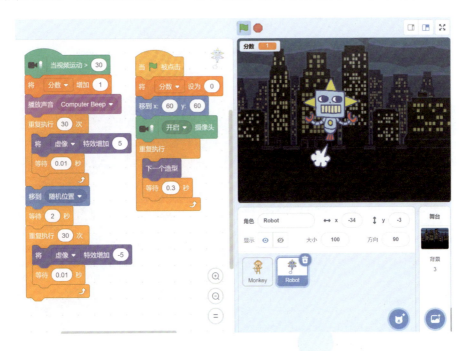

图 5-69　隔空抓机器人程序界面

第 6 章　数据和运算

　　阿拉伯数字其实发源于古印度，并不是阿拉伯人发明创造的。由于西方人首先接触到的使用这些数字的是阿拉伯人，便误以为是他们发明的，所以将这些数字称为阿拉伯数字。阿拉伯数字的发明让人们掌握了一种表示数据的简单方法，对于数学的发展起到了重大的促进作用。

　　人类在处理数据的过程中发明了运算，小朋友最熟悉的应该就是加、减、乘、除运算了，这些都是算术运算。此外，还有比较两个数据大小的比较运算、进行字符处理的字符运算和进行逻辑判断的逻辑运算。各种运算在我们的生活中发挥着巨大的作用，如计算机的工作过程本质上就是巨量逻辑运算的叠加，无论是显示网页、播放视频还是运行游戏，都是以逻辑运算为基础的。Scratch 也具有丰富的运算功能，本章将用 Scratch 实现一些生活中的实用工具的功能。

　　本章包含"智能小超市""简易计算器""慧眼识闰年"3 个案例，通过这 3 个案例的学习，同学们将掌握 Scratch 中关于"数据和运算"的基本控制方法，可以设计出更加实用的程序。

　　想让你的 Scratch 作品更加实用吗？让我们一起开始本章的学习吧！

·本章主要内容·

· 变量和列表 ·

· 算术运算、比较运算、字符运算 ·

· 逻辑运算 ·

6.1 变量和列表
——案例18：智能小超市

6.1.1 情景导入

　　超市的全称是超级市场，一般是指商品开放陈列、顾客自我选购、排队收银结算且以经销食品和日用品为主的商店，具有省人力、省场地、省成本、省购物时间等优点。

　　据说世界上第一家超市在 1916 年 9 月 9 日诞生于美国，开张那天人们纷纷抱着好奇的心态前往光顾，并把逛超市作为一种时尚。但没过多久，人们逐渐体验到了超市购物的好处，超市购物逐渐成为人们日常生活的一种需要，于是超市像雨后春笋般创建并遍布世界各地。

　　"24 小时营业、没有收银员、扫码开门、自主选购、结算支付、解锁出门"，这是亚马逊在 2016 年提出的 Amazon Go 无人实体超市的概念，希望通过技术手段将超市内的所有或部分经营流程进行智能化改造，实现无人化的超市运营。此概念一经提出，很多国家和地区都掀起了开设无人超市的热潮。

　　无人超市的实现依赖于智能技术的发展，虽然小朋友还研制不了真正的无人超市，但是可以用 Scratch 设计一些智能程序，让普通超市变得更加智能啊！

6.1.2 案例介绍

1. 功能实现

　　小猴子开了一家智能小超市，热情地招呼大家"欢迎光临我的商店"。界面上有

4 个功能按钮，如图 6-1 所示，单击各功能按钮后实现对应的具体功能。

图 6-1　"智能小超市"界面

　　购买：小猴子询问"您想买什么东西"，然后等用户输入商品名称。如果输入的商品在库存清单里，小猴子就说出该商品价格，如"书包 100 元"；如果输入的商品不在库存清单里，小猴子则说"对不起，我们暂时没有 ×××，但我们很快会进货的"。

　　查数：小猴子报告库存清单里有多少种商品，例如说"我们一共有 × 种商品"。

　　进货：小猴子询问"增添什么商品""价格多少元"，等用户输入完数据后，把输入的商品名称和价格分别添加进库存清单。

　　删除：小猴子问"要删除哪种商品"，然后等用户输入商品名称。如果输入的商品在库存清单里，则删除商品，并回答"已删除 ×××"；如果输入的商品不在库存清单里，则回答"小店本就没有 ×××"。

2. 素材添加

　　角色：小猴子 Monkey、按钮 Button2。

　　背景：房间 Room 1。

3. 流程设计

　　"智能小超市"的流程设计如图 6-2 所示。

程序效果
视频观看

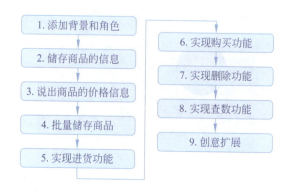

图 6-2 "智能小超市"的流程设计

6.1.3 知识建构

1. 添加背景和角色

 **Ask**

视频观看

小猴子开了一家智能小超市，页面上有"购买""查数""进货"和"删除"4 个功能按钮，请问如何添加背景和角色？

 **Analyze**

功能按钮的角色改造

因为现成的按钮角色 Button2 不带文字，因此需要进行"角色改造"，我们以"购买"功能按钮的改造过程为例进行介绍：

① 选取基础角色，例如添加角色 Button2。

② 单击"造型"标签，进入"造型"编辑界面选择造型。

③ 添加相应文字，单击文本工具 **T**，在 Button2 上输入文本"购买"。

④ 设置文字参数，设置文字的大小、位置、颜色、饱和度和亮度。

　　移动文字位置：单击"选择"按钮之后，将鼠标放在文本框上面，再按住鼠标左键并拖动，可以移动文字的位置。

　　改变文字大小：单击"选择"按钮并单击文本框后，将鼠标放在文本框的边线上面，再按住鼠标左键并拖动，可以改变文字的大小。

　　改变填充：单击"填充"选项的倒三角形按钮，就可以调节文字的颜色、饱和度和亮度。

　　具体操作过程如图 6-3 所示。

图 6-3　功能按钮的角色改造

　　首先添加背景 Room 1 和角色 Monkey，并将角色 Monkey 调节到合适的大小和位置；

然后添加 4 个 Button2 角色，并调节到合适的大小和位置；接着进行 4 个 Button2 角色的改造，在上面分别增加文字"购买""查数""进货""删除"。

2. 储存商品的信息

视频观看

小猴子需要把"商品名称"及"商品价格"记录下来，以便查找和调用，该怎么做呢？

变量和容器

我们在生活中一般会用特定的容器存放一类物品，例如，用果盘放水果，用杯子盛放饮料。在程序中也有用来存放信息的容器，这个容器就叫作"变量"。例如，可以建立一个叫作"商品名称"的变量，里面既可以放铅笔、橡皮，还可以放巧克力、冰淇淋；再如，可以建立一个叫作"商品数量"的变量，里面既可以放 1、2、3，也可以放 4、5、6 等。

变量的类型

生活中有各种各样的容器，程序中也有多种变量，主要包括数字型、字符型、布尔型变量，不同类型的变量在运算的时候可以相互转换。

数字型变量：存放整数和小数都可以，如 1、0.1。

字符型变量：存放字母、数字、符号，如"cat1""^-^"。

布尔型变量：存放"真"和"假"两个值，在程序中用英文表示为 True 和 False。

公有变量和私有变量

在我们的生活中，容器可能是公有的，如家里的果盘，任何家庭成员都可以从里面取物品；也可能是私有的，如家里的保险柜，只有特定的人才有权取出里面的物品。在程序中，也可以将变量设为公有变量或私有变量。

若设为公有变量，则适用于所有角色，例如，变量"商品价格"可以设置为公有变量，卖家和所有买家角色都能看到。

若设为私有变量，则只适用于当前角色，例如，变量"商品成本"可以设置为卖家的私有变量，只有卖家看得到，其他角色都看不到。

变量的新建和赋值

设置变量包括两个步骤："新建变量"和"变量赋值"。

第1步：新建变量。

在"变量"模块列表中找到"建立一个变量"指令并单击，然后在弹出的对话框中输入变量名，并选择"适用于所有角色"（公有变量）或"仅适用于当前角色"（私有变量）。

第2步：变量赋值。

用指令积木 将 我的变量▾ 设为 0 可给变量输入内容，单击倒三角形按钮可以选择目标变量，如图6-4所示。

图6-4 新建变量并赋值

67

变量的显示、更名及删除

变量的显示：在"变量"模块列表中有变量清单，如果将变量名称前面的复选框选中，变量就会显示在舞台上，取消选中则消失，如图 6-5 所示。

图 6-5　变量的显示

变量的更名：将鼠标指针移动到"变量"模块列表中的对应变量上，然后右击，在弹出的菜单中选择"修改变量名"命令，输入新的变量名即可给变量更名。

变量的删除：将鼠标指针移动到"变量"模块列表中的对应变量上，然后右击，在弹出的菜单中选择"删除变量"命令即可删除变量。

变量的更名和删除操作如图 6-6 所示。

图 6-6　变量的更名和删除操作

设置公有变量"商品名称"和"商品价格",并给"商品名称"

图 6-7　设置公有变量

输入"牛奶",给"商品价格"输入"5",默认价格单位为"元",如图 6-7 所示。

3. 说出商品的价格信息

视频观看

怎样让小猴子通过变量说出一件商品的价格信息呢?如说出"牛奶 5 元"。

字 符 运 算

在"运算"模块列表中找到字符运算的指令积木,运行其中的 连接 ◯ 和 ◯ 指令积木,可以将前后两个字符连接在一起,例如,执行 连接 apple 和 banana 可以将 apple 和 banana 连接成 applebanana。此外,还可以通过"嵌套使用"来连接若干字符,例如,执行指令 连接 连接 ⓐ 和 ⓑ 和 ⓒ ,可以将 a、b、c 连接成 abc。

从"运算"模块列表中拖动两个指令积木 连接 ◯ 和 ◯ 到脚本区,让小猴子说商品的价格信息,时间为 2 秒,程序为 说 连接 商品名称 和 连接 商品价格 和 元 2秒 。

4. 批量储存商品

视频观看

商店里肯定卖不止一种商品,如何批量保存多种商品的信息呢?

列表的概念

果盘中可以放不止一种水果，但是变量中只能有一个数值，如果要放多个数值，就需要设置多个变量。如果要放的数值比较多，设置变量的工作量就会比较大，而且变量越多，使用起来就越麻烦。

列表就是用来解决这个问题的，可以将列表当成一串排列在一起的变量，就好比超市里的饮料柜，每一层放一种饮料，自上而下第 1 层放果汁，第 2 层放汽水，第 3 层放牛奶……列表中的每一项可以分别赋值，如图 6-8 所示。

图 6-8　给列表中的每一项赋值

列表的新建

新建列表的方法与新建变量的方法类似，在"变量"模块列表中找到"建立一个列表"指令并单击，然后在弹出的对话框中输入列表名，例如"商品名称"，并选择"适用于所有角色"（公有列表）或"仅适用于当前角色"（私有列表）单选按钮，如图 6-9 所示。

列表的赋值

列表的赋值方法比变量的赋值方法复杂很多，总共有 3 种方法：指令输入法、舞台输入法和文件导入法。

方法 1：指令输入法。

使用指令积木 将（　）加入 商品名称▼ 可将输入的内容增加到"商品名称"列表的末尾，并可以通过单击倒三角形按钮选择目标列表；使用指令积木 在 商品名称▼ 的第（　）项前插入 可将输入的内容插入列表某一项前面；使用指令积木 在 商品名称▼ 的第（　）项替换为（　） 可将列表中的某项替换为输入的内容。单击指令积木中的倒三角形按钮可以选择列表名称，如图 6-10 所示。

图 6-9 新建列表

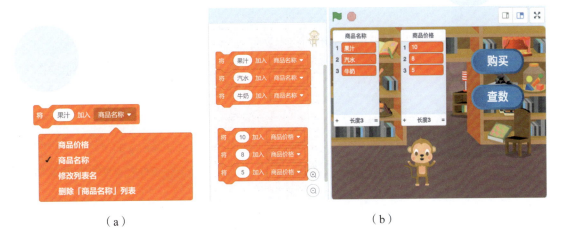

（a）　　　　　　　　　　　　　　（b）

图 6-10 指令输入法

方法 2：舞台输入法。

舞台输入法比指令输入法更加简单和直观，直接在舞台区单击某列表左下方的符号"+"，列表中就会出现一个空白项，在里面直接输入内容即可，也可以直接修改已有列表的内容。如果想删除已经输入的内容，单击这一项，会出现一个符号"×"，单击这个"×"就能删除对应项，如图 6-11 所示。

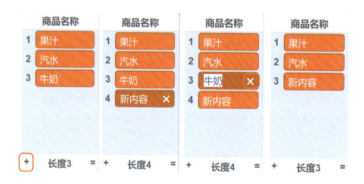

图 6-11　舞台输入法

方法 3：文件导入法。

如果需要输入列表的内容特别多，打字输入就太辛苦了。幸好 Scratch 有一个很棒的功能，就是软件中的列表和我们常用的文本文件（*.txt）能够互相传送内容。我们可以将网上下载的资料转换成"一行只输入一项内容"的文本文件，然后直接导入列表中，这样就便捷多了。

当文本内容编辑完成后，选择"文件"→"保存"命令，然后关闭文本文件。接着回到 Scratch，在舞台区相应列表上右击，并在弹出的菜单里选择"导入"命令。随后在弹出的对话框中选中刚才的文本文件，单击"打开"按钮，所操作的列表就立刻更新成文本文件里的内容了，如图 6-12 所示。

图 6-12　文件导入法

小贴士：有时候直接导入一个文本文件后，列表会显示乱码，但看起来文本文件中也是分行的内容，格式都正确。一个解决方法是，先从列表中导出一个文本文件，然后把内容复制到这个导出的文本文件中，保存后再重新导入。

新建列表：新建两个公有列表"商品名称"和"商品价格"。

显示列表：选中指令区新增的两个列表前面的复选框，让列表显示在舞台上，然后按住左键不放，把列表拖动到合适位置。

设置列表：采用"舞台输入法"，在舞台区单击列表左下方的符号"+"，然后在新增的空白项中输入内容。

5. 实现进货功能

视频观看

有了第一批货物之后，小猴子偶尔还需要零散进货，单击角色"进货"按钮之后，小猴子依次询问"添加什么商品""价格多少元"，等输入回答后，小猴子把商品名称和商品价格分别记录进相应列表，并且说"× × 已进货！"，如图 6-13 所示。

图 6-13　实现进货功能

运用广播在角色间传递信息

　　单击"进货"按钮后，要让小猴子角色开始询问进货信息，这涉及跨角色之间的信息传递，因此需要使用广播功能。

　　广播进货：当"进货"按钮被单击时，播放广播"进货"。

　　进货操作：在列表末尾增加商品信息，让两个列表相同位置的"商品名称"和"商品价格"属于同一个商品。

　　验证效果：我们试验一次进货操作，例如，进货 25 元的雨伞，操作完成后，观察列表中是否新增了雨伞的商品信息。

6. 实现购买功能

视频观看

　　当"购买"按钮被单击后，小猴子询问"您想买什么东西？"，如果回答的商品在库存中，那么就说出该商品价格，如"书包 100 元"；如果回答的商品不在库存清单中，那么就说"对不起，我们暂时没有 ××，但我们很快会进货的"。如何编程实现这样的购买功能呢？

判断列表中是否包含某内容

在列表的相关指令积木中，有个六角形的指令积木 ，它表示列表中是否存在某个内容。这个六角形的积木是布尔型的变量，有两个值："真"（true）和"假"（false）。例如，有个包含"牛奶"而不包含"牛"的列表，那么列表是否包含"牛奶"？答案是"真"。列表是否包含"牛"？答案是"假"。布尔型变量效果如图 6-14 所示。

商品名称 ▼ 包含 牛奶 ？	商品名称 ▼ 包含 牛 ？
true	false

图 6-14　布尔型变量效果

广播购买：当角色"购买"按钮被单击时，播放广播"购买"。

购买操作：使用"控制"模块列表中的指令积木"如果……那么……否则……"进行选择判断，使用"运算"模块列表中的指令积木 连接 〇 和 〇 连接多个信息。

设置"购买"按钮和小猴子角色的程序如图 6-15 所示。

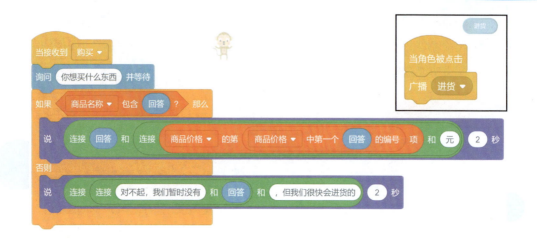

图 6-15 设置"购买"按钮和小猴子角色的程序

7. 实现删除功能

 **Ask**

视频观看

　　如果不想再卖某些商品，就要把它从库存清单中删除。单击"删除"按钮后，小猴子问"要删除哪种商品"，如果回答的商品在库存清单里，就从清单上删除该商品，并回答"已删除 ××"；如果不在清单中，则回答"小店本就没有 ××"。该怎么实现上述功能呢？

 **Analyze**

列表内容的删除方法

　　在列表中删除内容有两种方法：舞台删除法和指令删除法。

方法 1：舞台删除法。

当列表在舞台上显示时，如果想删除某一项，单击选中这一项，再单击符号"×"，就能将它删除，如图 6-16 所示。

方法 2：指令删除法。

删除指定的项： 如果我们清楚要删除的内容是列表中的第几项，可以使用"变量"模块列表中的指令积木

图 6-16　舞台删除法

删除 商品名称▾ 的第 ◯ 项 。

删除指定内容： 如果我们只知道要删除的内容，却不清楚它是列表中的第几项，可以使用"变量"模块列表中的指令积木 商品名称▾ 中第一个 东西 的编号 获得它在列表中的编号，然后再将它嵌入指令积木 删除 商品名称▾ 的第 ◯ 项 。例如，可以使用指令组合 删除 商品名称▾ 的第 商品名称▾ 中第一个 橡皮 的编号 项 删除"橡皮"项。

清空指定的项： 如果想清空列表中某项的内容，但保留该变量的位置，可以用 将 商品名称▾ 的第 1 项替换为 ◯ 指令，令椭圆形文本框中的内容为空即可。

指令删除法的效果如图 6-17 所示。

图 6-17　指令删除法的效果

删除整个列表： 如果要把列表中所有的内容都删除，需要用指令积木 删除 商品名称▾ 的全部项目 ，全部删除通常用于程序初始化的时候。

从两个列表中删除指定项的方法

要从"商品名称"和"商品价格"两个列表中分别删除"指定商品"的信息，请

问如图 6-18 所示的指令块 A 和指令块 B，哪个是正确的?

图 6-18　从两个列表中删除指定项

正确的是指令块 B，因为指令块 A 的第 1 行执行完后，"指定商品"已经被删除，执行第 2 行时将出错。

广播删除： 删除功能和进货功能类似，都需要通过广播传递信息，因此当角色"删除"按钮被单击时，播放广播"删除"。

保存回答内容： 为了让程序的含义更清晰，新设置一个变量"指定商品"，用于保存回答的内容，也就是指定要删除的商品名称。

判断商品是否在列表之中： 如果"指定商品"在列表中，就执行删除操作，否则回复"小店本就没有 ××"。

删除操作： 从"商品名称"和"商品价格"这两个列表中分别删除"指定商品"的信息。

给"删除"按钮和小猴子角色编程，如图 6-19 所示。

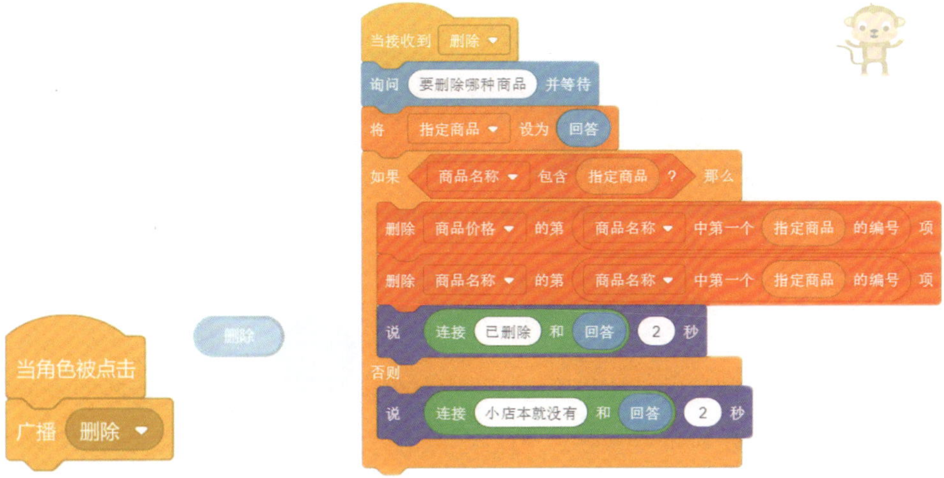

图 6-19 给"删除"按钮和小猴子角色编程

8. 实现查数功能

视频观看

有时候我们需要了解超市中一共有多少种商品，单击"查数"按钮后，小猴子直接报告商品种类的数量，如"我们一共有 ×× 种商品"。该如何实现呢？

Analyze

列表的数据信息——项目数

使用指令积木 **商品名称▾ 的项目数** 可以知道列表有多少项。因为每一个商品名称都保存在列表的一个变量项目里，所以列表有多少项就说明有多少种商品。

Act

给"查数"按钮和小猴子角色编程，如图 6-20 所示。

图6-20　给"查数"按钮和小猴子角色编程

9. 创意扩展

我们已经了解了商品的名称和价格，那么每件商品还剩多少呢？请增加一个列表记录各个商品的库存数量。

完成程序后保存为"智能小超市1"。

6.1.4　收获总结

类别	收　　获
生活态度	通过了解无人超市给生活带来的便利，增加对先进科学技术的理解和热爱
知识技能	（1）角色改造方法； （2）变量的新建和赋值； （3）公有变量和私有变量的概念； （4）变量的类型：数字型、字符型、布尔型； （5）字符运算：连接字符； （6）列表的新建和赋值； （7）列表内容的添加：指令输入法、舞台输入法、文件导入法； （8）列表内容的删除：指令删除法、舞台删除法； （9）列表的数据：某一项的内容、某内容第一次出现的项数编号、列表的项目数、列表中是否存在某个内容
思维方法	通过了解"列表的赋值""从列表中删除内容"等多种实现方法，培养了多元思维

6.1.5　学习测评

一、选择题（不定项选择题）

1. 经过赋值操作 `将 Fish▼ 设为 Shark` ，请问变量 Fish 是什么类型？（　　　）

    A．数字型　　　　　　　　　　　B．浮点型

    C．字符型　　　　　　　　　　　D．布尔型

2. 下列关于变量的说法中，正确的有哪些？（　　　）

    A．变量一旦被赋值，其值就不能再改变

    B．变量一旦被赋值，其值还可以再改变

    C．不同类型的变量在运算的时候可以相互转换

    D．不同类型的变量在运算的时候不能相互转换

3. 下列关于公有变量和私有变量的说法中，正确的有哪些？（　　　）

    A．若变量被设为公有变量，则该变量适用于所有的角色

    B．若变量被设为公有变量，则该变量只适用于当前角色

    C．若变量被设为私有变量，则该变量适用于所有的角色

    D．若变量被设为私有变量，则该变量只适用于当前角色

4. 下列关于变量的显示、更名及删除的说法中，正确的有哪些？（　　　）

    A．取消选中变量名称前面的复选框，就可以删除变量

    B．取消选中变量名称前面的复选框，变量从舞台消失

    C．给变量更名，会自动删除原变量的相关程序

    D．给变量更名，原变量的相关程序会自动更新

5. 新建列表的指令积木在哪个模块列表中？（　　　）

    A．"控制"模块列表　　　　　　　B．"运算"模块列表

  C．"自制积木"模块列表   D．"变量"模块列表

6．列表的赋值方法有哪些？（   ）

  A．指令输入法   B．自动生成法

  C．舞台输入法   D．文件导入法

7．用指令删除法删除列表中的项，下列哪些是可以实现的？（   ）

  A．删除指定的项   B．删除指定的内容

  C．清空指定的项   D．删除整个列表

8．指令积木 `删除 商品名称▾ 的第 商品名称▾ 中第一个 橡皮 的编号 项` 实现的功能是什么？
（ ）

  A．删除指定的项   B．删除指定的内容

  C．清空指定的项   D．删除整个列表

二、设计题

  对图 6-21 所示的学生信息设置 4 个列表，分别表示学生的姓名、学号、性别、民族，用"询问与回答"的方式输入学生姓名，然后自动输出该学生的全部信息，如果学生不在该名单，则提示"该学生不在本班级"，完成程序后保存为"教务微系统 1"。

姓名	学号	性别	民族
张三	01	男	汉族
李四	02	男	汉族
王五	03	男	蒙古族
赵六	04	女	汉族
陈七	05	女	苗族
刘八	06	男	朝鲜族

图 6-21 学生信息

6.2　算术运算、比较运算、字符运算
——案例19：简易计算器

6.2.1　情景导入

　　小朋友，你们平时都用计算机来做什么呀？上网课、看电影、购物、看新闻、学编程、写文章、做PPT……应该很少有人一下子就想到"当计算器"吧！既然如此，为什么还将它叫作"计算机"呢？为什么不叫作"学习机"或者"娱乐机"呢？

　　实际上，计算机就是为"做计算"而生的，只是后来的功能越来越丰富，很多人都忘了它原本是用来做计算的。其实，现在计算机的所有功能都还是通过"计算"实现的，从这个角度来讲，称为"计算机"也算贴切。

　　古人在生产生活中发明了数字，最开始使用数手指头的方式进行简单的加减计算，后来随着计算需求的日益复杂，又发明了算筹、算盘、加法器、乘法器、机械计算机、模拟计算机、数字计算机等工具用于计算。可以说是对计算的需求促使了人类从原始社会开始一代又一代的不断探索，才有了我们今天的信息时代。

　　让我们用 Scratch 来设计并制作一个简易的计算器吧！

6.2.2　案例介绍

1.　功能实现

　　自制一个简易计算器，使它能对两个数字进行加、减、乘、除运算。计算器界面包括数字按键、符号按键和清零按键 C，3 类按键用不同颜色表示；计算器的上方还有"变量显示屏"，当单击完按键后，实时显示数值与计算符，如图 6-22 所示。

　　操作方法：通过单击数字按键和符号按键输入数字和计算符，单击"="按键后得

出计算结果，单击清零按键 C 则清空"变量显示屏"。

图 6-22 "简易计算器"界面

2. 素材添加

角色：球形角色 Ball（数字键、符号键、清零键用不同颜色表示）。

背景：纯色背景 Blue Sky 2。

3. 流程设计

"简易计算器"的流程设计如图 6-23 所示。

程序效果
视频观看

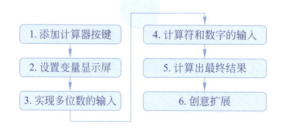

图 6-23 "简易计算器"的流程设计

6.2.3　知识建构

1. 添加计算器按键

视频观看

计算器上有数字按键、符号按键和清零按键 C 这 3 类不同颜色的按键，我们如何绘制出这些按键呢？

角色改造

在角色库中并没有现成的按键供我们使用，从零开始画一个按键也挺麻烦，因此我们可以通过改造角色获得按键，具体步骤包括选取基础角色、添加所需字体和编辑文本参数 3 个步骤。

① 选取基础角色。添加小球 Ball 角色，它具有多个颜色造型可选择。

② 添加所需字体。在小球 Ball 角色上面添加"数字"或"符号"。

③ 编辑文本参数。调节文本的颜色和位置，使得角色更加美观。

下面以制作按键 1 为例进行讲解。

① 选取基础角色。添加小球 Ball 角色，再单击"造型"按钮，进入"造型"编辑界面，然后选择蓝色造型的小球。

② 添加数字 1。单击文本按钮 **T**，再单击小球，在小球上面输入数字 1。

③ 编辑文本参数。单击"选择"按钮，拖动调整文本框到合适的大小和位置，再单击"填充"按钮，设置文本颜色为白色，饱和度为 0，亮度为 100，如图 6-24 所示。

85

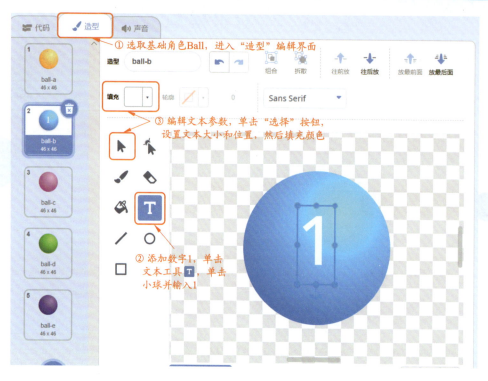

图 6-24　制作按键 1

计算器的按键 1 角色做好以后，复制用于制作其他按键，然后修改文本内容、修改小球的颜色，将所有按键都制作出来。

按键制作完成后，怎样才能让所有按键整齐排列呢？

按键整齐排列

让各个按键排列整齐有两种方法：直接拖动法和坐标设定法。

直接拖动法： 直接拖动各个按键，通过眼睛观察，放到合适的位置。

坐标设定法： 通过设定每个按键的坐标，让它们移到目标位置。

直接拖动法快速但无法做到按键排列的绝对整齐，而坐标设定法可以做到按键排列的绝对整齐，所以我们选择坐标设定法。

为了让整个计算器呈现在舞台中部，且便于计算坐标，我们进行如下处理：

① 确定原点。将按键 6 置于坐标系中心点（0，0）。

② 确定距离。设定两个按键之间距离为取整的 60 步。

③ 设置背景。可以先添加坐标系背景（XY-grid）方便观察，之后再换为纯色背景。

④ 计算坐标。可以计算出按键 0 的坐标是（−120，−120），按键 1 的坐标是（−120，−60），以此类推，完成全部按键的坐标后，我们的计算器按键面板（如图 6-25 所示）就做好啦！

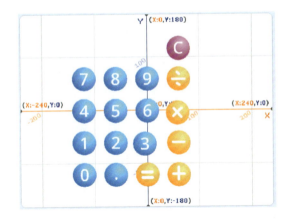

图 6-25　计算器按键面板

2. 设置变量显示屏

视频观看

为了实时显示算式里的数字和符号，如 12+8=20，我们需要设置几个变量呢？

算式由5个变量组成

算式由 5 个变量组成：3 个数字变量、1 个计算符变量、1 个等号变量。

3 个数字变量： 分别命名为："数 1""数 2""答案"。

1 个计算符变量： 命名为 "计算符"，可存放 4 种计算符 " + "" – ""×""÷"。

1 个等号变量： 命名为 "等号"，虽然它固定不变，但是为了在舞台上显示出来，还是要设置这个变量，默认值为 "="。

创建 5 个变量，如图 6-26 所示，分别命名为："数 1""数 2""计算符""等号""结果"。

图 6-26　创建 5 个变量

我们希望整个算式能在舞台上整齐地实时呈现，该怎么做呢？

变量的显示方式

在 "变量" 模块列表中选中显示变量后，在舞台区右击变量，在弹出的菜单中可

以选择变量显示方式，共有"正常显示""滑杆""大字显示"3 种显示方式，如图 6-27
所示，3 种显示方式的效果如图 6-28 所示。

图 6-27　设置变量的显示方式

图 6-28　3 种显示方式的效果

正常显示：显示变量名和变量内容。

滑杆：通过拖动滑杆的方式来修改变量值。

大字显示：只显示变量内容，字较大，像一块显示屏。

其中的"大字显示"正是我们需要的显示方式。

选中显示变量，然后在舞台区右击变量，在弹出的菜单中选择"大字显示"命令，
并将各个变量排列整齐，这样我们的显示屏就做好啦！效果如图 6-29 所示。

图 6-29　显示屏

 **Ask**

　　现在 5 个变量都显示默认值 0，我们希望单击"绿旗"按钮后，或单击清零按键 C 后呈现的状态是：数字变量和计算符变量被清空，而等号变量始终显示"="，如何编程实现呢？

 **Analyze**

清空变量的方法

　　"清空变量"就是让变量储存的内容变为空，删除原有的变量内容即可。编辑指令积木 将 等号 设为 ○ 并单击，舞台上变量的显示就是 ，呈现空无一物的效果。

 Act

　　给角色清零按键 C 编写初始化的程序和清空程序，如图 6-30 所示。

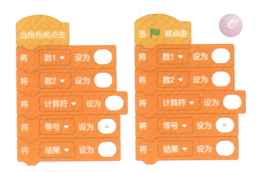

图 6-30　给角色清零按键 C 编写初始化程序和清空程序

3. 实现多位数的输入

视频观看

计算器的外观已完成，现在要输入第 1 个变量"数 1"，这个数可能是个多位数，如 112 或 0.1，那么如何实现通过单击按键输入多位数呢？

数字型变量和字符型变量

变量的类型主要包括数字型、字符型和布尔型。数字型变量能进行一系列加、减、乘、除等算术运算，而字符型变量可以进行一系列的字符运算，如"连接字符""查找字符数"等。如果一个变量里的内容全部是数字，则该变量既可以当字符用，也可以当数字用，还能进行转化。

例如，有一个变量"电话"的内容为 10086，可以将 10086 作为字符使用，连接到字符"查话费请拨打"后面，得到"查话费请拨打 10086"；还可以将 10086 作为数字使用，与数字 10 进行加法运算，得到 10086+10=10096，如图 6-31 所示。

图 6-31　字符连接与数字运算

91

用字符型变量实现多位数的输入

用字符型变量可以实现多位数的输入功能，我们把每次的输入都当作是一个字符，然后将新输入的字符连接到原有的字符后面即可。例如，连接 3、2、1 得到 321，连接 0、"."、1、2 得到 0.12（注意小数点是英文半角状态）。

（1）输入多位数 112。

我们先对数字按键 ① 和数字按键 ② 进行编程，测试能否输入多位数，如图 6-32 所示。

图 6-32　对数字按键进行编程

首先，单击数字按键 ①，变量"数 1"变成了 `1`；然后，再单击一次数字按键 ①，变量"数 1"变成了 `11`；接着，再单击一次数字按键 ②，变量"数 1"变成了 `112`。

（2）输入小数 0.1。

把按键 ① 的程序复制给按键 ⓪ 和按键 •，并修改连接内容，如图 6-33 所示。

图 6-33　复制按键程序并修改连接内容

先单击清零按键 C，然后分别单击按键 、 、 ，数 1 就变为 0.1 ，小数的测试也同样完成啦！

4. 计算符和数字的输入

视频观看

计算符有 "+" "−" "×" "÷" 4 种，在单击计算符之前输入的数将赋值给 "数 1"；在单击计算符之后输入的数将赋值给 "数 2"。因此可以用 "计算符是否被单击？" 这个信息来区分输入的数是赋值给 "数 1" 还是 "数 2"。请问该如何实现呢？

用状态变量标记程序的运行状态

状态变量在程序中具有特殊的意义，用于标记程序的运行状态。通过分析，我们知道，每个数字按钮可能处在两种状态：输入第 1 个数、输入第 2 个数。因此我们设立一个状态变量 输入哪个数 来表示数字按钮的两种状态。状态变量的使用分为 "标记状态" 和 "识别状态" 两步。

标记状态： 根据 "计算符是否被单击？" 给状态变量赋值。

（1）当计算符按键被单击前，设置状态变量 输入哪个数 为 1。

（2）当计算符按键再次被单击后，设置状态变量 输入哪个数 为 2。

识别状态： 根据状态变量的值决定输入的数字赋值给哪个数。

（1）当 输入哪个数 等于 1 时，将输入的数字赋值给 数1 。

（2）当 输入哪个数 等于 2 时，将输入的数字赋值给 数2 。

比较运算

在 "运算" 模块列表中有 3 个进行比较运算的指令积木：大于（＞）、小于（＜）、等于（＝），可以用来判断两个数据的关系，根据判断结果，如果关系成立就输出 true，如果不成立就输出 false，如图 6-34 所示。

图 6-34　比较运算

"比较运算"指令积木是六角形的，一般嵌入"如果……那么……"选择程序语句中使用，如图 6-35 所示。

图 6-35　"比较运算"指令积木

Act

（1）对角色"清零按键 C"编程。

在初始化或清零后，也就是计算符被单击之前，把 输入哪个数 设为 1，如图 6-36 所示。

（2）对每个计算符角色编程。

当计算符按键被单击后，一方面把所按下的计算符赋值给变量 计算符，另一方面要把 输入哪个数 设为 2。下面以"+"计算符为例介绍，其余计算符的程序可复制加计算符程序后修改，程序如图 6-37 所示。

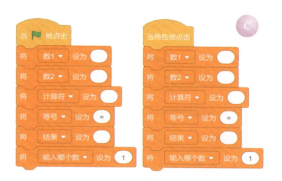

图 6-36　设置"输入哪个数"为 1

图 6-37　对计算符角色编程

小贴士：计算机上加、减、乘、除的符号分别用"+""−""*""/"表示。其中"/"位于按键中的下方，只需要按一下就能输入，而"*""+""−"位于按键中的上方，需要同时按住 Shift 键和对应按键才能输入。我们可以观察到很多按键都有上下两个字符，例如 ，Shift 键的功能之一就是当和另一按键同时按下时，能选取另一个按键的上方字符。同时按住 Shift 键和 8 键，能输出上方的"*"，计算机按键如图 6-38 所示。

图 6-38　计算机按键

（3）对数字按键角色编程。

输入判断： 判断 **输入哪个数** 指令的值是 1 还是 2，当 **输入哪个数** 指令等于 1 时，将输入的数字赋值给 **数1**；当 **输入哪个数** 指令等于 2 时，将输入的数字赋值给 **数2**。

字符连接： 当输入多位数时需要进行字符连接。

下面以按键 1 和按键 2 的编程及测试为例进行介绍，程序如图 6-39 所示。

图 6-39　对按键 1 和按键 2 编程

当我们依次输入 11+12 时，可以在显示区看到两个加数和计算符，如图 6-40 所示。

图 6-40 两个加数和计算符

到目前为止，各数字的程序模块终于做好了，我们可以通过复制程序并修改数字用于其他数字键的编程。

5. 计算出最终结果

视频观看

现在万事俱备，只欠答案！如何实现单击"="按键角色，就显示出答案呢？

多重选择的程序结构

"计算符"可以是"+""-""*""/"4 种情况之一，因此单击"="按键后的算术计算是一个多重选择的程序结构，需要先判断"计算符"是什么，然后进行相应的算术计算得到答案。

对"="角色编程：可以以图 6-41 所示的加法和减法为例，把乘法和除法的计算程序补充完整。

当"="角色中加、减、乘、除法的计算都设置完成后，简易计算器就制作完成啦！

6. 创意扩展

添加反馈音效：为了确认是否单击了按键，在单击按键时增加一个"反馈"环节，如播放音乐进行反馈。

图 6-41 加法和减法实现程序

实现连续计算： 进行完一轮计算后，继续单击一个计算符，答案自动变为第 1 个数字，再输入第 2 个数就可以进行连续计算。

完成程序后保存为"简易计算器 1"。

6.2.4 收 获 总 结

类别	收　　获
生活态度	通过了解计算机对生活的帮助作用，增强对先进科学技术的理解和热爱
知识技能	（1）改造原有角色，制作出新角色； （2）用坐标设定法使按键整齐排列； （3）变量的显示方式； （4）清空变量的方法； （5）字符型变量与数字型变量的转换； （6）用字符型变量实现多位数的输入； （7）比较运算的指令积木：大于、等于、小于； （8）状态变量的应用； （9）多重选择的程序结构
思维方法	通过采用设定坐标的方法让各按键排列绝对整齐，克服了人眼和手的不精确控制，培养了数据思维

6.2.5 学 习 测 评

一、选择题（不定项选择题）

1. 下列关于将角色排列整齐的说法中，正确的有哪些？（　　　）

A. 直接拖动法和坐标设定法都可以让角色排列整齐

B. 直接拖动法快速且可以做到让角色排列绝对整齐

C. 坐标设定法快速且可以做到让角色排列绝对整齐

D. 坐标设定法整体会比直接拖动法更好用

2. 变量有哪些显示方式？（　　　）

A. 正常显示　　　　　　　　　　B. 滑杆显示

C. 小字显示　　　　　　　　　　D. 大字显示

3. 下列关于数字型变量和字符型变量的说法中，正确的有哪些？（　　　）

A. 数字型变量能进行加、减、乘、除等算术运算

B. 字符型变量可以进行字符运算

C. 变量 10086 可能是字符型变量

D. 数字型变量可以实现多位数的输入功能

二、设计题

设计一个猜数字大小的游戏，单击"绿旗"按钮后，角色询问"请随机输入 1 ～ 100 的一个数"，等学生甲输入数字后，角色询问"猜猜输入的数字是多少？范围为 1~100"，然后由学生乙输入猜测的数字。

若猜的数字太大，则角色提示太大并让学生乙重新输入；

若猜的数字太小，则角色提示太小并让学生乙重新输入；

若猜对了则说"恭喜你猜对了，答案就是 × × ×，你一共猜了 × × × 次"。

可以自行给程序配上合适的音效，完成程序后保存为"猜大小游戏 1"。

6.3　逻辑运算
——案例20：慧眼识闰年

6.3.1　情景导入

　　小朋友，你过一次生日大了几岁？你肯定会想我怎么会问这么简单的问题，可别以为我是在逗你玩，有些小朋友过一次生日就大了 4 岁，你知道为什么吗？

　　原来我们的"年"分为平年（365 天）和闰年（366 天）两种。准确地说，根据公历纪年法，1 年是地球绕太阳 1 圈的时间（如图 6-42 所示）。地球绕太阳的实际运行周期是 365 天 5 小时 48 分 46 秒（合 365.24219 天），公历的平年只有 365 日，所余下的时间大约每 4 年累计成一天，所以在第 4 年的 2 月末加 1 天，使当年的长度为 366 日，这一年就是闰年。闰年的 2 月份有 29 天，而平年的 2 月份只有 28 天，如果有小朋友恰好在闰年的 2 月 29 日出生，那他就只能 4 年才过一个生日了。

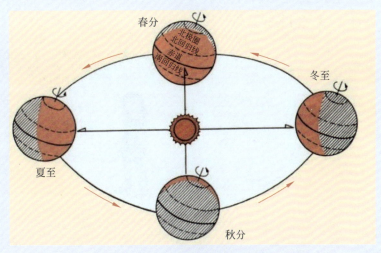

图 6-42　地球绕太阳运行

人们还亲切地将这一天出生的宝宝称作"闰年宝宝"。

公历纪年法规定：年份能被 4 整除且不能被 100 整除的为普通闰年；年份能被 400 整除的为世纪闰年。这是因为如果时间拉长到数百年，每 4 年 1 个闰年的计算又不够精确了，会导致每经过 400 年就多算出大约 3 天来，因此每 400 年中要减少 3 个闰年，就是去掉 3 个世纪年。

让我们用 Scratch 编写一个"慧眼识闰年"的程序快速判断闰年吧！

6.3.2 案例介绍

1. 功能实现

小姑娘 Abby 最近学习了闰年的判断方法，她向大家询问年份，我们输入任意一个年份，她都能立刻说出是平年还是闰年，界面如图 6-43 所示。

2. 素材添加

角色：小姑娘 Abby。

背景：背景 Light。

程序效果
视频观看

请输入年份，我会识别是平年还是闰年：

图 6-43 "慧眼识闰年"界面

3. 流程设计

"慧眼识闰年"的流程设计如图 6-44 所示。

1. 询问并输入年份 → 2. 判断是平年还是闰年 → 3. 创意扩展

图 6-44　"慧眼识闰年"的流程设计

6.3.3　知 识 建 构

1. 询问并输入年份

 **Ask**

视频观看

小姑娘 Abby 告诉大家自己能判断闰年，并邀请大家输入年份，如何编程实现？

 **Analyze**

询问与回答

要想提问并输入信息，可以使用"侦测"模块列表中的 询问 ⬭ 并等待 指令积木，我们输入的年份会储存在 回答 这个变量中，留待进一步的处理。

 Act

添加背景 Light 和角色，然后给角色 Abby 编写如图 6-45 所示的程序。

图 6-45　添加背景和角色

101

2. 判断是平年还是闰年

 *Ask*

视频观看

如果某个年份达到闰年的条件，小姑娘就说"这是闰年"，否则她就说"这是平年"。若要程序简洁，只需要用一个判断语句"如果……那么……否则……"，且在"如果"后面写上"闰年的条件"，该如何编程实现呢？

 *Analyze*

整除=余数为0

整除的含义：若整数 B 除以非零整数 A，商为整数，且余数为 0，我们就说 B 能被 A 整除（或说 A 能整除 B），B 为被除数，A 为除数。例如：

12÷4=3，余数为 0，就说 12 能被 4 整除，或说 4 能整除 12。

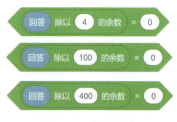

图6-46　整除条件

15÷4=3……3，余数不为 0，那么 15 就不能被 4 整除。

要判断回答的年份是否能被 4、100、400 整除，只需要判断回答的年份除以 4、100、400 的余数是否等于 0，用到的指令积木如图 6-46 所示。

判断条件的真假——布尔值

我们做一件事往往要等"时机成熟"，而判断时机是否成熟，其实就是识别某个条件的真假。例如，如果今天是晴天，我们就可以出去玩，"晴天与否"就是我们要判断的条件。如果为"真"，我们就出去玩；如果为"假"，我们就待在家里。生活中有非常多的识别某个条件的真假性的情况。

在数学世界里，"真"和"假"称为布尔值。因为伟大的数学家布尔先生对"真"和"假"的逻辑运算做出巨大贡献，所以把"真"和"假"称为布尔值。布尔值"真"

和"假"用英文表示就是 true 和 false。

条件的合成——逻辑运算

只有一个条件时，我们容易判断真假，如果有 2 个以上的条件，如何判断真假呢？这就需要用到逻辑运算，最基础的逻辑运算有 3 种："与""或""非"。这 3 种运算可以用不同的关联词表示，具体如下：

"与"运算是指前后两个语句要同时成立，可以用"且""并且"等词表示。例如，阳光充足并且适量浇水，小树才能茁壮成长。

"或"运算是指前后两个语句任意一个成立即可，常用"或""或者"等词表示。例如，降雨量充足或者进行人工灌溉，小树才能不缺水。

"非"运算是指语句不成立才可，常用"不是""没有""不能"等词表示。例如，没有发生洪涝灾害，小麦才可能丰收。

逻辑运算的规律

设 P 和 Q 为布尔值，表 6-1 给出了针对 4 种组合情况做出"与""或""非"运算的结果。从表 6-1 中可见，"与"运算需要 P、Q 两个值都为"真"结果才是"真"；"或"运算只需要 P、Q 中有一个值为"真"结果就为"真"；"非"运算需要 P 的值为"假"时结果才为"真"，反之若 P 为"真"则结果为"假"。

表 6-1　逻辑运算表

P	Q	P 与 Q	P 或 Q	非 P	非 Q
真	真	真	真	假	假
真	假	假	真	假	真
假	真	假	真	真	假
假	假	假	假	真	真

布尔值可转换为数值

布尔值在算术运算中可转换为数值：true=1、false=0，如图 6-47 所示。

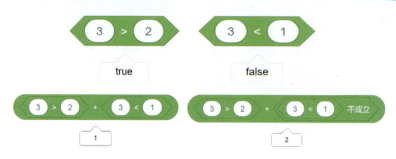

图 6-47　布尔值转换为数值

闰年与 3 个数（4，100，400）的整除关系相关，根据闰年的条件依次编程。

普通闰年： 年份被 4 整除且不能被 100 整除，程序如图 6-48 所示。

图 6-48　普通闰年

世纪闰年： 年份被 400 整除，程序如图 6-49 所示。

图 6-49　世纪闰年

闰年： 是普通闰年或世纪闰年，程序如图 6-50 所示。

图 6-50　闰年

如果闰年的条件为"真"，那么回答是闰年，如果为"假"，那么回答就是平年，所以小姑娘判断闰年的整体程序如图 6-51 所示。

图 6-51　判断闰年的程序

3. 创意扩展

进一步区分普通闰年和世纪闰年：让小姑娘区分出回答的年份是平年，还是普通闰年，或者是世纪闰年。

存储所有闰年：将公元 0—2020 年所有的闰年都储存在一个列表中，看看一共有几个闰年？

完成程序后保存为"慧眼识闰年 1"。

6.3.4　收获总结

类别	收　获
生活态度	通过了解闰年的概念和来历，提高对时间的认知，增加精确计时的时间观念
知识技能	（1）公历纪年法中"年"的准确含义：地球绕太阳一圈的时间； （2）出现闰年和平年的原因以及闰年的计算方法； （3）询问与回答变量的用法，实现信息输入； （4）整除的含义（余数为0代表整除）和计算方法； （5）逻辑运算"与""或""非"
思维方法	通过了解逻辑运算的概念及规律，培养了逻辑思维

6.3.5 学习测评

一、选择题（不定项选择题）

1. 下列关于整除的说法中，正确的有哪些? （   ）

　　A. 若整数 B 除以非零整数 A，商为整数，且余数为 0，则 B 能被 A 整除

　　B. 若整数 B 除以非零整数 A，商为整数，且余数为 0，则 A 能被 B 整除

　　C. 12 可以被 4 整除

　　D. 4 可以被 12 整除

2. 下列关于布尔值的说法中，正确的有哪些? （   ）

　　A. 因为伟大的数学家布尔先生对"真""假"的逻辑运算做出巨大贡献，所以把"真""假"称为布尔值

　　B. 布尔值"真"和"假"用英文表示就是 true 和 false

　　C. 布尔值既可以用于逻辑运算，也可以用于算术运算

　　D. 布尔值在算术运算中可转换为数值：true=1，false=2

3. 假设 P、Q 为布尔值，下列关于逻辑运算的说法中，正确的有哪些? （   ）

　　A. 若 P 为真，Q 为假，则 P 或 Q 为真

　　B. 若 P 为假，Q 为假，则 P 或 Q 为假

　　C. 若 P 为真，Q 为假，则 P 且 Q 为真

　　D. 若 P 为真，Q 为假，则 P 且 Q 为假

二、设计题

　　设计一个求两个正整数最小公倍数的程序，利用"询问与回答"的方式输入两个正整数，自动计算出最小公倍数并输出，若输入的不是正整数，则提示"请输入正确的正整数"。完成程序后保存为"最小公倍数 1"。

第 7 章　函数与自制函数积木

　　我们在做"西红柿炒鸡蛋"这道菜时，并不用去了解怎么种西红柿，也不用去了解怎么养鸡下蛋，已经有擅长种菜的农民和养鸡的养殖户给我们提供了西红柿和鸡蛋，我们直接从菜市场买来用就行了。

　　当开发人员在为一款机器人开发控制系统时，也不用从零开始写每一行代码，实现机器人的视觉识别、语音识别、电机驱动、无线通信等功能的程序都可以找到现成的，直接调用就可以了，因为已经有人将实现某个功能的程序放在一起形成了"函数"，供其他人直接使用。

　　本章包含两个案例，分别是"多彩花儿开"和"追梦赛车手"，通过这两个案例的学习，可以将掌握 Scratch 中函数的使用方法及函数积木的自制方法，提高编程的整体效率和水平。

　　想成为更高级的编程达人吗？让我们一起开始本章的学习吧！

·本章主要内容·

· 创建简单函数 ·

· 带参数的函数 ·

7.1 创建简单函数
——案例21：多彩花儿开

7.1.1 情景导入

当形容一个人笑得很开心的时候，我们会说这个人笑开了花；在母亲节、教师节，我们通常会给亲爱的妈妈、老师送上鲜花，表达美好的情感。很多城市都有市花，也会精心保护自己的"市花"，通过鲜花美化环境以带动旅游经济发展，如去厦门、三亚、海口旅游过的人应该都对三角梅印象深刻，三角梅就是这三座城市的市花。

花的种类非常多，不仅在外表上有五彩斑斓的视觉效果，还可以在内涵上承载很多美好的寓意。人们用菊花代表高尚纯洁的品质，"采菊东篱下，悠然见南山"是陶渊明不为五斗米折腰的铮铮铁骨的体现；用梅花代表坚忍不拔的品质，"宝剑锋从磨砺出，梅花香自苦寒来"是中华文化中流传千古的励志名言；用莲花代表洁身自好的品质，"出淤泥而不染，濯清涟而不妖"成了很多深处泥泞环境之人的自我激励与警示的座右铭。

"最是人间留不住，朱颜辞镜花辞树"，鲜花虽美，也会凋谢，不如让我们用Scratch 设计出永不凋零的美丽花朵吧！

7.1.2 案例介绍

1. 功能实现

让我们亲手用程序来画一朵花儿送给妈妈作礼物吧！单击"绿旗"按钮后，小精灵说出祝福语"祝亲爱的妈妈永远像花儿一样美丽，送您这朵花"，随后隐形的画笔开始作图，先画出彩色花瓣，然后画出黄色花托，最后画出一点红色的小花心，界面如图 7-1 所示。为了让程序更加简洁明了，要求使用"自制积木"的方法。

图 7-1　"多彩花儿开"界面

2.　素材添加

背景：蓝天 Blue Sky。

角色：小精灵 Gobo、画笔 Pencil。

3.　流程设计

"多彩花儿开"的流程设计如图 7-2 所示。

程序效果
视频观看

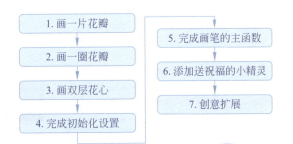

图 7-2　"多彩花儿开"的流程设计

7.1.3 知识建构

1. 画一片花瓣

视频观看

花瓣内窄外宽，呈圆润的水滴形，如何能画出一片这样的水滴形花瓣呢？

巧用画笔的粗细变化

花瓣是一整片都有颜色的实心花瓣，而不仅仅是勾勒出的线条，画笔模块中不存在填充颜色的指令，如果想要一整块内窄外宽的彩色花瓣，可通过让画笔逐渐变粗实现。

第 1 步：设置背景和角色。

添加背景 Blue Sky，或者任选一个纯色的图片作背景。

添加角色 Pencil，并将画笔的几何中心点设置在笔尖。

第 2 步：编程绘制花瓣。

让画笔的粗细从零开始逐步增大，每移动一小段距离就增大一些，例如，让画笔移动 80 步，每移动 1 步将画笔粗细增加 1。此外，还需要记得在开始和结束时分别添加"落笔"和"抬笔"的指令积木，如图 7-3 所示。

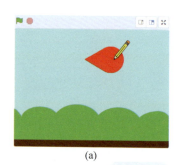

(a)

图 7-3 巧用画笔的粗细变化

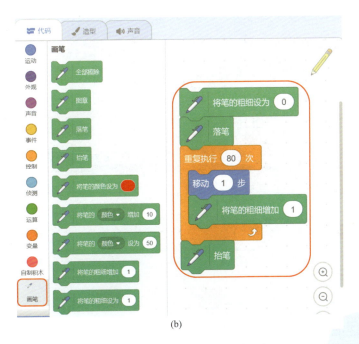

(b)

图 7-3　巧用画笔的粗细变化（续）

 *Ask*

　　Scratch 软件开发者帮我们准备好了很多指令积木，需要使用的时候直接拖到程序编辑区就可以了，非常方便。那么，我们能否自己制作指令积木呢？例如，画一朵花时需要画很多片花瓣，如果我们能有"画一片花瓣"的指令积木，然后复制出多片花瓣，那将极大地减少编程的工作量。其实，Scratch 软件开发者已经善解人意地提供了自制积木的功能，请问如何使用自制积木的功能画出花瓣呢？

 *Analyze*

自制指令积木的流程

　　自制指令积木包括 3 个步骤：新建积木、定义积木和调用积木。下面以自制"画正方形"指令积木的流程进行介绍。

第 1 步：新建积木。

进入"自制积木"模块列表，单击"制作新的积木"按钮，然后在弹出的界面中输入积木名称"画正方形"，再单击"完成"按钮，这时"自制积木"模块列表中就出现了一个新的积木 画正方形 ，程序编辑区中也自动出现了待定义的积木 定义 画正方形 ，如图 7-4 所示。

图 7-4　新建积木

第 2 步：定义积木。

自制积木新建完成后，要想让积木发挥作用，还需要对积木进行定义。所谓的"定义积木"是指确定这个新积木包括哪些指令及执行过程（完成哪些功能），例如，可在"定义画正方形"指令积木下方加上画正方形的程序。

第 3 步：调用积木。

定义完积木后，就可以使用积木了。所谓的"调用积木"是指在程序中使用新积木，这和其他积木的使用类似，例如，将新积木"画正方形"拖到程序编辑区中，当单击"绿旗"按钮后先设置画笔的粗细和颜色，然后调用这个新积木画出正方形，如图 7-5 所示。

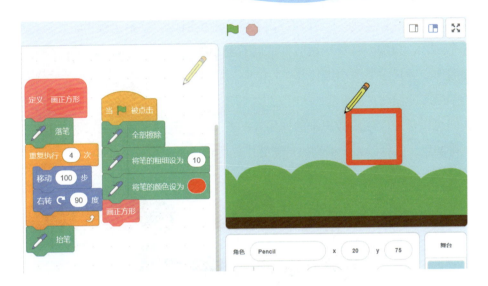

图 7-5 调用积木

指令积木=函数

"函"这个字有信件的意思，当每一封信件送达收件人，会引起收件人做一系列的动作。所谓的"函数"，可以简单理解为程序中用来完成某个目标的一系列动作的组合。

定义 Scratch 中的自制积木，其实就是将一系列动作指令打包，因此自制的指令积木也可以称为"函数"，"新建积木"就是"新建函数"，"定义积木"就是"定义函数"，"调用积木"就是"调用函数"。实际上，Scratch 软件中提供的现成的指令积木也是由多条指令组合在一起的函数，只是这些函数的具体内容隐藏在软件中，没让我们看见而已。

有用的函数思维

在我们的日常生活中，也有很多用"函数思维"解决问题的例子。例如，在班级中收作业一般由小组长完成，收作业主要包括以下5个过程：①通知每位同学拿出作业；②去每位同学的位置上取作业；③把收到的作业整理整齐；④记录已交和未交的同学；

⑤将作业和记录交给老师。老师在每次要收作业的时候，并不用跟小组长具体地说出上述 5 个过程，只需要在第一次收作业时教会小组长上述收作业的过程（定义函数），以后要收作业时只需要跟小组长说"收作业"就可以了（调用函数），这样老师的工作就轻松了很多，如图 7-6 所示。

我们可以从中看到函数思维的作用：把若干小步骤组合成一个函数，等到需要的时候直接调用，这可以大大提高执行重复工作的效率。

图 7-6　收作业的函数思维

 **Act**

第 1 步：新建函数"画一片花瓣"。

进入"自制积木"模块列表，单击"制作新的积木"按钮，然后在弹出的界面中输入积木名称"画一片花瓣"，再单击"完成"按钮，就生成了一个新的函数。

第 2 步：定义函数内容。

在脚本区中"定义画一片花瓣"指令积木的下方加上之前画一片花瓣的程序，这就完成了新函数的定义。

新建"画一片花瓣"函数并定义内容如图 7-7 所示。

图 7-7　新建"画一片花瓣"函数并定义内容

2. 画一圈花瓣

 Ask

视频观看

　　要画的花有 8 片颜色各异的花瓣，花瓣之间有部分叠加在一起，形成层次效果。新建一个"画一圈花瓣"函数画出如图 7-8 所示的效果，该函数可再调用"画一片花瓣"函数，如何编程实现呢？

图 7-8　画一圈花瓣

Analyze

函数的嵌套调用

每个任务对于上一级的任务来说都是子任务，就像每个人对于自己的父母来说都是子女，我们是我们父母的子女，而我们的父母又是他们父母的子女。类似地，在程序设计的世界里，一个自制的函数可以作为下一个新制作的函数的组成部分，而新制作的函数又可以成为下下一个新制作的函数的组成部分，一直往后实现嵌套调用。所谓的"嵌套调用"就是指一个函数调用了另外一个函数。"嵌套调用"在提高编程效率方面发挥了重要的作用。

Act

第1步：新建函数"画一圈花瓣"。

进入"自制积木"模块列表，单击"制作新的积木"按钮，然后在弹出的界面中输入积木名称"画一圈花瓣"，再单击"完成"按钮，就生成了一个新的函数。

第2步：定义函数内容。

在脚本区中"定义画一圈花瓣"指令积木下方，编写相应的程序。首先，设置画笔的初始化颜色；然后在"重复执行8次"的指令积木中调用"画一片花瓣"函数画出8片花瓣。每画完一片花瓣后需要进行三项处理工作：一是要将画笔回归花朵的中心点，二是更新画笔的朝向，三是更新画笔的颜色。

新建"画一圈花瓣"函数并定义函数内容，如图7-9所示。

(a)

图7-9 新建"画一圈花瓣"函数并定义内容

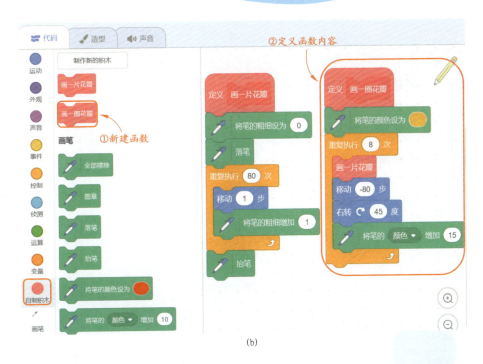

(b)

图 7-9　新建"画一圈花瓣"函数并定义内容（续）

3. 画双层花心

 **Ask**

视频观看

图 7-10　双层花心

　　漂亮的花瓣画好后，就可以开始画双层花心了，如图 7-10 所示。花心的外层为黄色，内层为红色。如何新建一个"画花心"函数实现这个功能呢？

 **Analyze**

实心圆的画法

　　双层花心其实就是两个同心的实心圆。在"画笔"模块列表不存在填充颜色的指令，要画实心圆可以把画笔变粗，足够粗的画笔落笔一点就是一个圆。

第 1 步：新建函数"画花心"。

进入"自制积木"模块列表，单击"制作新的积木"按钮，然后在弹出的界面中输入积木名称"画花心"，再单击"完成"按钮，就生成了一个新的函数。

第 2 步：定义函数内容。

在脚本区中"定义画花心"指令积木下方编写相应的程序。首先，设置画笔的初始颜色和粗细（黄色，60），再落笔画出黄色大花心；然后，重新设置画笔的颜色和粗细（红色，20），再落笔画出红色小花心。在中间加入"等待 0.5 秒"是为了体现出画两个花心的先后顺序，否则两个花心会在同一瞬间显示。

新建"画花心"函数并定义内容，如图 7-11 所示。

图 7-11 新建"画花心"函数并定义内容

4. 完成初始化设置

画花瓣和画花心的画图函数都有了，我们还需要一个初始化函数，使得每次启动程序时状态一致：舞台清空，画笔位置和方向相同。如何编程实现呢？

初始化程序

设置初始化程序的目的是使得每次程序启动时状态一致。初始化程序只在启动程序时执行一次，包括角色状态（如位置、方向、大小、语言等）的初始化，变量、列表等的初始化和舞台界面的清空。

第 1 步：新建函数"初始化"。

进入"自制积木"模块列表，单击"制作新的积木"按钮，然后在弹出的界面中输入积木名称"初始化"，再单击"完成"按钮，就生成了一个新的函数。

第 2 步：定义函数内容。

在脚本区中"定义初始化"指令积木下方，编写相应的程序。首先，清空舞台并抬起画笔；然后，将画笔移到初始位置并设置第 1 片花瓣的朝向，如图 7-12 所示。

图 7-12 定义"初始化"函数内容

5. 完成画笔的主函数

视频观看

现在万事俱备，如何写出一个主函数调用前面各个子函数以实现画一朵完整的花的效果呢？

主函数的设计要点

在主函数中出现的指令基本上都是抽象的子函数，至于具体的操作指令一般放在各个子函数中。这样做有助于让主函数的结构更加清晰，让人一眼就能够看出程序的完整流程。

给画笔角色添加主函数，在主函数中单击"绿旗"按钮后顺序执行"初始化""画一圈花瓣""画花心"3个子函数。注意：应该先画花瓣再画花心，否则花心会被花瓣覆盖。

设计任务时还要求画笔在作画过程中隐藏起来，可以单击画笔角色"外观"模块列表中的 隐藏 指令积木实现，如图7-13所示。

图 7-13　顺序执行函数

6. 添加送祝福的小精灵

视频观看

设计任务的要求：单击"绿旗"按钮后，让小精灵说出祝福语"祝亲爱的妈妈永远像花儿一样美丽，送您这朵花"。如何实现呢?

Analyze

Scratch中"面向角色的程序设计"

在 Scratch 中，所有程序都是在特定的"角色"或"背景"下编写的，用于控制该"角色"或"背景"的行为，在进行程序设计时，一定要先分析清楚设计的程序是在哪个对象下进行的。

在本案例中，绘制花朵的程序是在画笔角色下编写的，而说祝福语的程序则是在小精灵角色下编写的，不能混淆，若将说祝福语的程序写到了画笔角色中，则说祝福语的角色就变成画笔了。

Act

添加小精灵 Gobo 角色，让它在单击"绿旗"按钮后说出开篇祝福语，因为程序特别简单，所以不再另设函数，程序如图 7-14 所示。

图 7-14　设置祝福语程序

现在单击一下"绿旗"按钮，就能看到小精灵说出祝福语，并且渐渐地绘出了一朵彩色的花儿。

7. 创意扩展

在屏幕上画出几朵花，而且让每朵花的颜色不一样。

完成程序后保存为"多彩花儿开 1"。

7.1.4 收获总结

类别	收获
生活态度	通过了解鲜花承载的美好寓意，加深对大自然的热爱
知识技能	（1）巧用画笔的粗细变化； （2）制作新的积木； （3）定义和调用自制积木； （4）自制积木与函数各关键近义词的解析； （5）使用函数的好处：① 把若干小步骤组合成一个大过程，让管理更便捷；② 新建的函数可以重复使用，提高执行重复事件的效率； （6）函数的嵌套调用； （7）实心圆的画法； （8）编写初始化程序； （9）主体程序的设计
思维方法	通过将程序设计时编写函数的做法应用于日常生活中，如在班级里收作业，培养了函数思维

7.1.5 学习测评

一、选择题（不定项选择题）

1. 自制指令积木包括哪些步骤？（　　　）

　　A. 新建积木　　　　B. 定义积木　　　　C. 移动积木　　　　D. 调用积木

2. 下列关于函数的说法中，正确的有哪些？（　　　）

　　A. 所谓的"函数"可以简单理解为用来完成某个目标的一系列动作的组合

　　B. 自制的指令积木将一系列动作指令进行了打包，因此也可以称为"函数"

C．新建积木就是新建函数，定义积木就是定义函数，调用积木就是调用函数

D．Scratch 软件中提供的现成的指令积木也是由多条指令组合在一起的函数

3．下列关于嵌套调用的说法中，正确的有哪些？（　　　）

A．一个自制的函数可以作为下一个新制作的函数的组成部分

B．所谓的"嵌套调用"就是指一个函数调用了另外一个函数

C．"嵌套调用"在提高编程效率方面发挥了重要的促进作用

D．在 Scratch 中已经被调用过的函数不能再被其他函数调用

二、设计题

补全如图 7-15 所示的程序，绘制出具有双层花瓣的花朵，完成程序后保存为"富贵花儿开 1"。

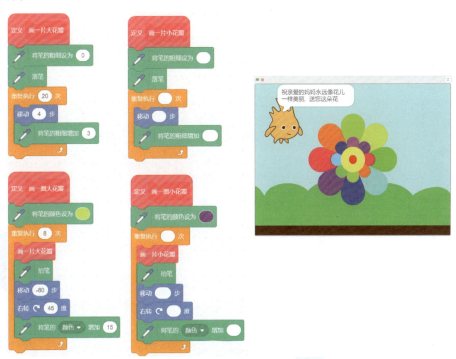

图 7-15　绘制双层花瓣的花朵

7.2　带参数的函数
——案例22：追梦赛车手

7.2.1　情景导入

　　人类的发展过程是一部不断挑战自然、战胜自然的进步史。面对洪涝灾害，我们修渠治水，都江堰保护成都平原一方太平；面对不测风云，我们研制气象卫星，洞悉天气的瞬息变化。为了像鸟儿一样飞向蓝天，我们不仅发明了飞机，还制造了火箭登陆月球；为了像鱼儿一样在水里游动，我们不仅发明了船舶通航水上，还制造了潜水艇深入大海。

　　是什么推动了人类不断前进？是对"会当凌绝顶，一览众山小"的执着与追求，让人们有了前进的动力；是对"天生我材必有用"的坚定信念，让人们有了前进的毅力；是"欲与天公试比高"的血气方刚，让人们有了前进的热情。正是这些力量，让我们从自然界的生灵中脱颖而出，造就了如今这么多姿多彩的人类文明。

　　人类前进的步伐永不停歇，在世界的各个角落，无时无刻不在重复着人类挑战自然、挑战自我的故事。冲浪、攀岩、翼装飞行，是人类在通过极限运动挑战自身生理的极限；探测深海、考察极地、登陆火星，是人类在通过科技竞赛挑战科学技术的极限。电视上的时装秀和赛车比赛，其实也是设计师在不断挑战自我的尝试。

　　小朋友，一起用 Scratch 编写一个赛车游戏，过把速度与激情的瘾吧！

7.2.2 案例介绍

1. 功能实现

在绿色草地上有蜿蜒曲折的灰色赛道，赛道上有黄色的起跑线和红色的终点线，两辆赛车在跑道上进行竞速比赛，游戏界面如图 7-16 所示，游戏规则如下。

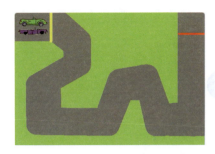

游戏启动： 按下空格键后计时器从零开始计时，自动播放背景音乐，赛车启动并按一定的速度匀速向前行驶。

图 7-16 "追梦赛车手"界面

运动控制： 通过按键控制赛车转向（紫色赛车：←键控制赛车逆时针转向、→键控制赛车顺时针转向；绿色赛车：字母 A 键控制赛车逆时针转向、字母 D 键控制赛车顺时针转向），如果赛车驶出了跑道就退回起点并重新上路，如果赛车到达红色终点线则获胜并广播获胜信息。

胜败效果： 将获胜的赛车移到舞台中心并放大，说"我赢了，用时……秒"，没获胜的赛车则停止运动。

2. 素材添加

背景：自行绘制。

角色：紫色赛车 Convertible、绿色赛车 Convertible 2。

程序效果
视频观看

3. 流程设计

"追梦赛车手"的流程设计如图 7-17 所示。

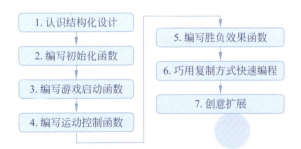

图 7-17 "追梦赛车手"的流程设计

125

7.2.3 知识建构

1. 认识结构化设计

 **Ask**

视频观看

本案例的功能比较多，都需要用到哪些子函数呢？如何才能够进行有效的设计分析呢？

 **Analyze**

"自下而上"与"自上而下"的设计方法

面对建一栋房子的任务，远古时代的人和现代建筑大师分别会怎样做呢？他们会分别选择"自下而上"和"自上而下"两种设计方法。

自下而上：远古时代的人缺乏建房子的经验，需要"自下而上"地慢慢摸索，他们可能先搭建了一堵墙挡风，后来发现一堵墙不能完全挡住风，就建成了由四面墙围成的屋子，再后来觉得一间屋子不够用，就用相同的方法多建了几间屋子，最终形成了一栋大房子。这种方法的特点是从最小的任务做起，聚沙成塔地逐步积累，最后完成大任务，是一种从小到大的过程。

自上而下：现代建筑大师有丰富的经验，可以"自上而下"地进行规划，他们首先规划好一栋楼包括几户，再规划好各户包括几个房间，最后规划好每个房间的布局。建设过程是"自上而下"的，首先由工程队建好整栋大楼的地基和钢筋水泥框架，然后再用墙体隔成一个个房间，再对每个房间进行装修。这种方法的特点是先将总任务分解成小任务，然后再对小任务进行各个击破，俗称分而治之，是一种从大到小的过程。

这两种方法各有优缺点，从表 7-1 中可以看出"自上而下"方法具有诸多优势。

表 7-1　"自下而上"与"自上而下"对比

对比指标	自下而上	自上而下
方法特点	聚沙成塔	分而治之
运用对象	简单的项目	复杂的项目
工作效率	低效，不便分工合作	高效，便于分工合作
代码的可读性	较差，内容杂糅	较好，结构清晰
代码的可维护性	较差，牵一发而动全身	较好，可以分模块维护

结构化分析方法：自上而下，逐层分解

在我们的生活中，每一个大任务都可以逐层分解成多个小任务，每个小任务又可以再分解为更小层级的任务，而每一个任务都有一个对应的实现函数，因此函数之间也是可以从上而下逐层分解的。例如，老师的主要任务是"教学工作"，而"教学工作"又包含"讲授课程""作业辅导""考核学生"这 3 个子任务，其中的"作业辅导"又包含"收作业""批改作业""发作业"3 个更低一层级的任务，甚至"收作业"还可以进一步分为更小的任务，"教学工作"任务分解如图 7-18 所示。

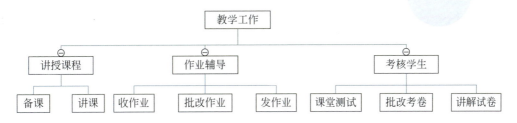

图 7-18　"教学工作"任务分解

这种"自上而下，逐层分解"的结构化分析方法最早是由艾兹格·迪科斯彻（E.W.Dijkstra）在 1965 年提出的，他被称为"结构程序设计之父"，曾获得过素有计算机科学界的诺贝尔奖之称的图灵奖。结构化分析方法的功能强大，再复杂的系统都可以采用它进行有条不紊的分析。通过将复杂系统适当分层，就可以降低每层的复杂程度。该方法不仅应用于编程中，在日常生活、工程应用、项目管理等方面也得到了广泛的应用。

在案例"多彩花儿开"中采用了"自下而上"的分析方法：先从局部入手画好

图 7-19　分解任务

一片花瓣，再由 8 片花瓣组合成一圈花瓣，最后再加上花心组成一朵完整的花。而本案例相对复杂很多，因此采用"自上而下"的分析方法，将设计任务拆分成几个小任务：初始化、游戏启动、运动控制、胜利效果、失败效果，如图 7-19 所示，并分别在两辆赛车角色里新建跟各个小任务对应的子函数，后面再逐个定义各个子函数的功能。

2. 编写初始化函数

视频观看

我们需要准备一个跑道背景，但是背景库中并没有现成的，如何自行绘制呢？

跑道背景的组成要素分析

跑道背景包括 4 部分：绿色外场、灰色跑道、起始线和终止线。其中，绿色外场可以使用"填充"工具实现；灰色跑道可以使用"线段"与"填充"工具实现；起始线和终止线可以使用"线段"工具实现。

第 1 步：绘制绿色外场。

选择位图模式，先调配好绿色，再使用"填充"工具将整个背景涂成绿色，如图 7-20

所示。

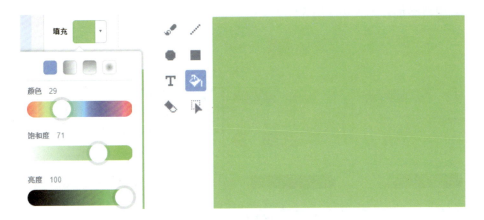

图 7-20 绘制绿色外场

第 2 步：绘制灰色跑道。

选择位图模式，先调配好灰色，再使用"线段"工具绘制跑道边缘，然后再使用"填充"工具将跑道涂成灰色，如图 7-21 所示。此外，还可以将"线段"的粗细设置成最大的 100，颜色设置成灰色，直接画出跑道。

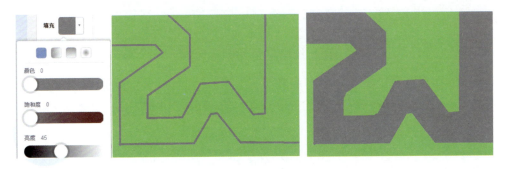

图 7-21 绘制灰色跑道

第 3 步：绘制起始线和终止线。

起始线为黄色，终止线为红色，分两次设置好"线段"的填充颜色和粗细，然后在道路上合适的位置画出线段。注意，因为赛车刚开始要停在起始线左侧，所以起始线的左侧要留出足够停放赛车的空间。

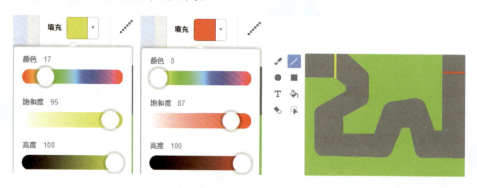

图 7-22　绘制起始线和终止线

游戏启动前，两辆赛车角色需要并排地停放在起始线之后，如何编写函数描述赛车的初始化状态呢？

赛车角色的初始状态分析

赛车的状态包括"角色大小""角色位置""角色朝向"，我们可以在初始化函数中分别对这几个状态进行设置。设置"角色大小"的指令在"外观"模块列表中，设置"角色位置"和"角色朝向"的指令在"运动"模块列表中。

第 1 步：添加角色。

添加紫色赛车 Convertible 和绿色赛车 Convertible 2。

第 2 步：编辑代码。

由于两辆赛车的程序非常相似，所以可以先给其中一辆赛车编程，然后再将程序复制给另一辆赛车并修改参数。

我们设置紫色赛车的位置为（–194，135），大小为 40；绿色赛车的位置为（–194，173），大小为 50；两辆赛车都面向 90°方向。

具体的程序和实现效果如图 7-23 所示。

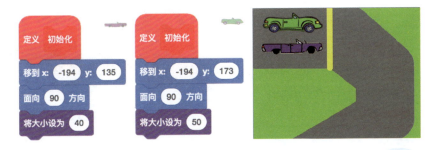

图 7-23　设置赛车初始化状态

3. 编写游戏启动函数

视频观看

如果让游戏在单击"绿旗"按钮后就启动，可能会使玩家措手不及，因为单击"绿旗"按钮用的是鼠标，而控制角色运动用的是按键，手从鼠标移到按键的过程会耽误对角色的控制，所以游戏的正式启动和控制角色运动通常都用按键。

因此，我们可以进行如下设置：单击"绿旗"按钮只完成游戏的初始化，等到按下空格键后才正式启动游戏，赛车匀速前行，计时器归零。那么如何编写"游戏启动"的程序呢？

等待触发事件的控制

我们常用事件指令积木实现"当达到触发条件，就执行某件事"的功能，但是如果这个指令积木还需要拼接在另一个指令积木的下方，事件指令积木就不合适了。这时可以使用"控制"模块列表中的 等待 指令积木，如图 7-24 所示，该指令积木只有等到六边形框中的条件成立后，才执行下一条指令，因此具备"当达到触发条件，就执行某件事"的功能，而且可以拼接到其他指令积木下方。

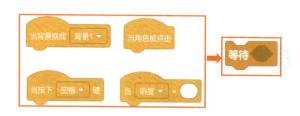

图 7-24　"等待"积木用法

首先，使用"控制"模块列表中的 等待 指令积木实现按下空格键后才正式启动游戏的功能。

启动游戏后，先让计时器归零，这样变量"计时器"中存储的就是正式启动游戏后的时间，供需要时读取。

接着，让角色重复向前移动，移动步数的大小决定了赛车的速度，移动步数越大，赛车速度越快。如果重复执行移动固定步数时，赛车匀速前行，如图 7-25 所示。

图 7-25　定义游戏启动和角色移动条件

Ask

若想调节赛车的前进速度，可以在"游戏启动"函数的定义中改变移动步数，但是这个方法并不是很方便，特别是对子函数比较多的情况，要定位到更改参数的地方比较费事。

那么有没有办法在调用"游戏启动"函数时直接赋值移动步数呢？这样以后更改速度就比较方便，只需要在"初始化"函数中更改参数就可以了。

Analyze

带参数的函数与不带参数的函数

如图 7-26 所示，观察 A 组和 B 组的指令积木有什么不同？聪明的你可能已经发现了：A 组指令积木有内容输入框，而 B 组指令积木没有内容输入框。在程序设计中，我们把输入的内容叫作"参数"，"参数"的实际取值影响着程序的运行结果。

图 7-26 带参数的函数与不带参数的函数

因为指令积木也叫作函数，因此带"参数"的指令积木也叫作"带参数的函数"；反之则叫作"不带参数的函数"。如果把函数比作一台机器，那么参数就像输入的功能指令，控制机器完成不同的功能。带参数的函数就像多功能电饭煲，可以通过按钮选择不同"参数"实现"煮粥""保温""柴火饭"等多种功能；而不带参数的函数就像传统高压锅，只有高压蒸煮的功能，使用时进行简单的"点火"和"关火"控制即可，并不需要选择"参数"，两者的区别如图 7-27 所示。

带参数的函数就像多功能
电饭煲，需要输入指令参数

不带参数的函数就像传统
高压锅，无须输入指令

图 7-27　两者的区别

形式参数与实际参数

函数的参数是一种特殊的变量。在定义函数时创建的参数，被称为形式参数，简称形参，形参不是具体的数据，而是一种用来代表数据的符号，起到占位符的作用。

在调用函数时输入的参数，称为实际参数，简称实参，实参是具体的数据，会传递到函数定义里所有形参所在的位置。例如，新建一个"后退 ×步"的函数，× 就是形参，而在调用函数时输入的参数 3 就是实参，如图 7-28 所示。

图 7-28　形参和实参

我们可以从生活中的例子进一步形象地理解形参和实参，例如，菜谱中经常会出现关于放盐的描述语句"放入适量盐"，但是并没有告诉我们具体放多少，菜谱里关于放盐的这句指令就相当于一个函数，"适量"就是形参。等到了真正做菜时，我们会根据食材分量、食客偏好等因素决定具体放多少盐，这时所放盐的具体重量就是实参。

给函数添加参数的方法

在"函数编辑"页面，单击"添加输入项"按钮可以添加参数。在 Scratch 中，函数参数的数据类型有 3 种：数字、文本、布尔值，其中数字和文本都可以输入椭圆形框中，而布尔值可以输入六边形框中。

在"函数编辑"页面，单击"添加文本标签"按钮可以添加文字，用于提示函数和参数的含义，默认第 1 个文本标签是函数名。

函数中可以添加多项参数和文本标签，如果想删除某项，单击该项上方的垃圾桶图标即可。

定义函数时，形参会出现在定义的标题中，将所需形参拖动到目标位置可以自动实现复制。

具体操作方法如图 7-29 所示。

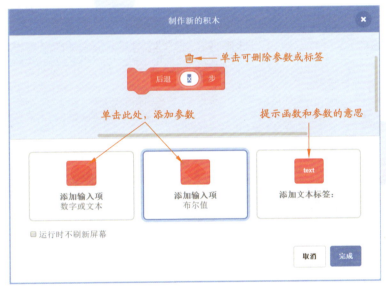

图 7-29　给函数添加参数的方法

第 1 步：重新编辑函数——添加"车速"参数。

在"自制积木"模块列表中，右击"游戏启动"指令积木，在弹出的菜单中选择"编辑"命令，就可以进入"函数编辑"界面。

单击"添加输入项 - 数字或文本"按钮，添加一个数字型参数控制车速，形参可记为 ×，然后在"游戏启动"函数名后输入空格和"车速"两个字，用于提示所输入参数的用途，如图 7-30 所示。

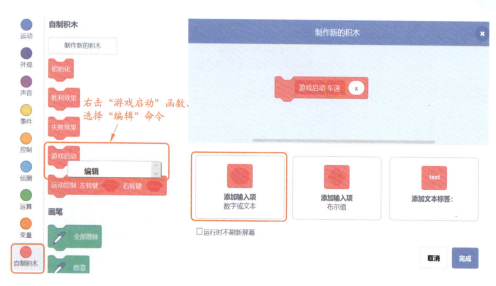

图 7-30　编辑"车速"参数

第 2 步：重新定义函数——引用"车速"参数。

将标题中的形参 × 拖动到指令积木 移动 步 的椭圆形中，实现参数的传递，这样每当我们调用该函数时，写入的实参就能传入到指令积木 移动 步 中，如图 7-31 所示。

第 3 步：调用函数，检验效果。

单击"绿旗"按钮后，先调用初始化函数，再调用"游戏启动"函数。输入不同车速（例如 1、2、3）并按下空格键，观察赛车前进速度的区别。可以发现，输入的数字越大赛车前进速度越快，这说明我们输入的实参已经传递给了函数定义中的形参，函数的参数发挥了作用，如图 7-32 所示。

图 7-31　重新定义函数

图 7-32　调用函数并检验效果

4. 编写运动控制函数

视频观看

　　赛车的"运动控制"包括 3 部分："转向控制""越轨控制""终点控制"，这 3 部分的程序块比较简单，如表 7-2 所示。请问如何将这些程序块组合成紫色赛车和绿色赛车的"运动控制"函数呢?

表 7-2　运动控制

车型	转向控制	越轨控制	终点控制
紫色赛车	如果〈按下 ← 键?〉那么 左转 ↺ 5 度 如果〈按下 → 键?〉那么 右转 ↻ 5 度	如果〈碰到颜色 ● ?〉那么 初始化	如果〈碰到颜色 ● ?〉那么 广播 紫车胜利
绿色赛车	如果〈按下 a 键?〉那么 左转 ↺ 5 度 如果〈按下 d 键?〉那么 右转 ↻ 5 度	如果〈碰到颜色 ● ?〉那么 初始化	如果〈碰到颜色 ● ?〉那么 广播 绿车胜利

Analyze

Scratch中的串行程序

所谓的"串行程序"是指自上而下依次执行的程序，虽然赛车的"转向控制""越轨控制""终点控制"在理论上是并列存在的，但是由于计算机的运行速度非常快，将这 3 个程序块串行连接到一起后，被执行的时间差基本可以忽略，就像 3 个程序块被同时执行一样，所以可以用"串行程序"组织赛车的 3 个运动程序块，而且串行连接的顺序不会对结果产生影响。

Act

将赛车的 3 个运动程序块按任意顺序串行连接在一起，并放入"重复执行"指令积木中，实现重复的运动控制，如图 7-33 所示。

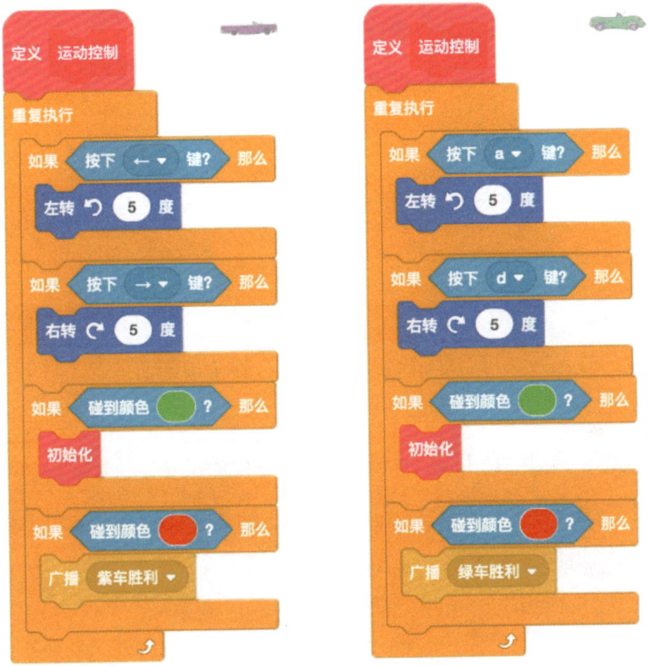

图 7-33　实现重复运动控制

Ask

采用串行方式将"运动控制"函数接在"游戏启动"函数后面，如图 7-34 所示，当单击"绿旗"按钮后，能否圆满实现游戏启动和运动控制？如果不能，该如何修改？

139

图 7-34　串行方式组织运动控制函数

Scratch中串行程序的局限性

采用串行方式组织的程序叫作串行程序。在 Scratch 中用串行方式连接子函数并不总是奏效，也存在不适用的情况。一种情况是排在前面的子函数的定义中存在"无限循环"，导致程序陷入子函数的循环而不能执行后面的函数；另一种情况是排在前面的子函数的定义中存在"延时指令"，导致程序不能及时执行后面的函数。

因为本例"游戏启动"和"运动控制"两个子函数的定义中都有无限循环，因此程序会首先陷入"游戏启动"子函数的循环里，而不能执行"运动控制"子函数。所以采用串行方式不能圆满完成任务目标。

Scratch中的并行程序

当子函数中出现了"无限循环"或"延时指令"时，就不适合使用串行方式，而只能选择并行方式。并行方式是指程序块以并列的方式同时执行，互相之间完全独立，就像有多个大脑在同时工作一样，能够同时处理多个复杂任务。采用并行方式组织的程序叫作并行程序。

串行程序和并行程序的适用场合

当子函数中存在"无限循环"或"延时指令"时，只能采用并行方式组织程序；当子函数之间有先后执行顺序要求时，只能采用串行方式组织程序；其他情况既可以采用并行方式组织程序，也可以采用串行方式组织程序，串行程序和并行程序适用场景如图 7-35 所示。

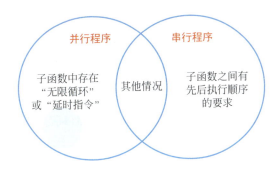

图 7-35　串行程序和并行程序适用场景

当单击"绿旗"按钮后，用并行方式重新组织两辆赛车的子函数，如图 7-36 所示。

图 7-36　"并行"方式组织子函数

5. 编写胜负效果函数

视频观看

当有一辆赛车率先到达终点即决出胜负，请将获胜的赛车移到舞台中心并放大显示，然后说出"我赢了，用时……秒"，未获胜的赛车则立刻停止运动，请问如何编程实现呢？

Scratch中的广播功能

Scratch 中的广播功能可实现不同角色之间的信息传递，当有一辆赛车率先到达终点，就将此信息传递给另一辆赛车，让另一辆赛车停止运动。

为了程序的一致性，可以规定哪辆赛车率先到达终点就让哪辆赛车广播自己胜利的信息，这样只存在两条广播："绿车胜利"和"紫车胜利"。

接着，让两辆赛车都通过接收广播执行相应动作。当绿车接收到"绿车胜利"的广播就执行"胜利效果"的动作，当绿车接收到"紫车胜利"的广播就执行"失败效果"的动作。而紫车执行的动作正好相反，如表 7-3 所示。

表 7-3　广播结果

广播内容	绿　车	紫　车
绿车胜利	胜利效果	失败效果
紫车胜利	失败效果	胜利效果

第 1 步：定义"胜利效果"函数。

角色在胜利后，首先应该使用 停止 该角色的其他脚本▼ 指令积木来停止行驶运动，然后移动到舞台中心并放大显示，并说出："我赢了，用时……秒"，程序设置如图 7-37 所示。

第 2 步：定义"失败效果"函数。

定义"失败效果"函数比较简单，只需要将赛车固定在当前位置不动即可，可以选择 停止 该角色的其他脚本▼ 或 停止 全部脚本▼ 指令积木，程序设置如图 7-38 所示。

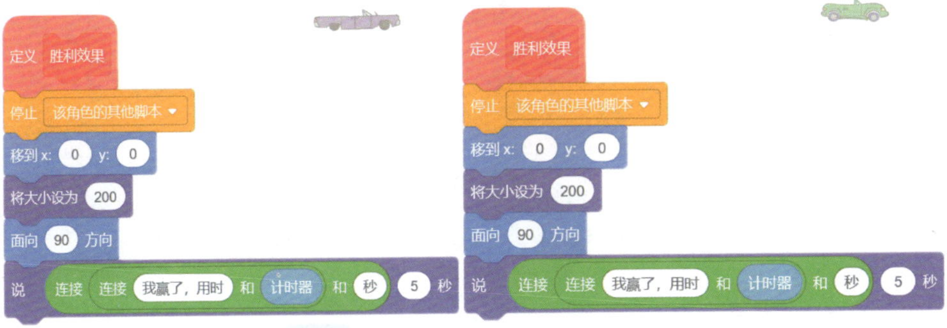

图 7-37　定义"胜利效果"函数

图 7-38　定义"失败效果"函数

第 3 步：调用函数，检验效果。

在两辆车的脚本区中分别编写接收到广播后执行的程序，如图 7-39 所示。

图 7-39　编写接收到广播后执行的程序

6. 巧用复制方式快速编程

 *Ask*

视频观看

两辆赛车的完整程序如图 7-40 和图 7-41 所示，可以看出程序结构完全相同，只是在细节上存在差异，请问有何差异？这对编程方法有什么启示？

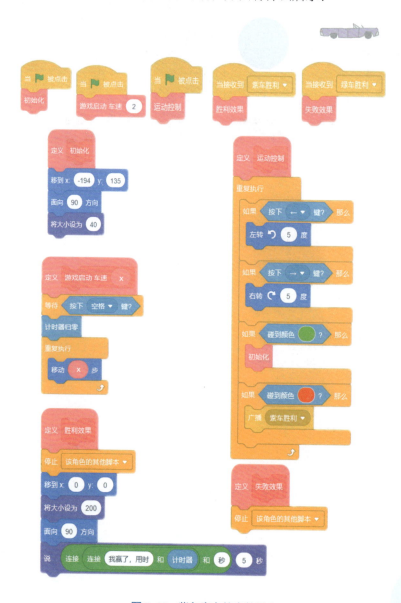

图 7-40　紫色赛车的完整程序

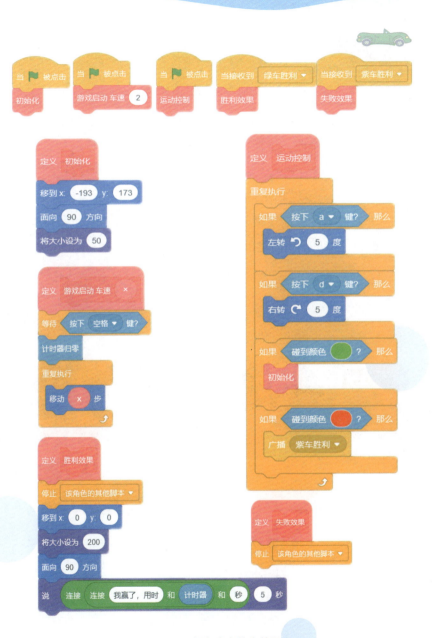

图 7-41　绿色赛车的完整程序

通过复制程序减少工作量

当不同角色之间有相似的程序时，可以先写好其中一个角色的程序，再复制给其他角色，然后再进行细节修改，这样可以减少编程的工作量，特别是当多个角色都具有相似程序时，通过复制的方式减少的工作量将非常可观。

程序的复制方式是"拖动"，用鼠标左键将程序拖动到目标角色上就完成了复制。对于自制的积木，只要将函数的定义复制过去，函数的指令积木将会自动出现在"自制积木"模块列表，不用再重新创建积木，如图 7-42 所示。

图 7-42　通过复制程序减少工作量

因为紫色赛车和绿色赛车的功能基本一致，所以可通过"复制"程序提高编程效率，调整后的编程流程如下：

第 1 步：编写紫色赛车的完整程序。

先编写出紫色赛车的完整程序，暂时不考虑绿色赛车的程序。

第 2 步：分析两辆赛车的程序差异。

在复制程序之前，先要了解两辆赛车的程序差异之处，知己知彼，方能掌握全局。两辆赛车的程序有如下差异：①初始化函数中赛车的位置、大小不同；②运动控制函数中广播内容不同；③接收到广播后执行的动作相反。

第 3 步：复制紫色赛车程序到绿车。

将紫色赛车的程序都通过"拖动"的方式复制到绿色赛车上。

第 4 步：编辑修改绿色赛车的程序。

针对绿色赛车和紫色赛车在程序上的差异，对绿色赛车的程序进行编辑修改，以满足绿色赛车的实际需求。

7. 创意扩展

增加赛车的艺术效果：可以让游戏启动后，循环播放动感音乐，并且让第 1 辆赛车到达终点时，播放欢庆的音效，赛车的胜利效果也可以设计得更加酷炫，以增加游戏的艺术性，优化玩家的体验感。

增加加速函数和减速函数：真正的赛车比赛中，赛车速度是可以调整的，直线处提速，拐弯处减速，因此可以通过添加加速函数和减速函数灵活控制赛车的行进速度，以使游戏更具趣味性。

完成程序后保存为"追梦赛车手 1"。

7.2.4　收获总结

类别	收　获
生活态度	通过了解人类不断战胜自然、挑战极限的事例，增强拼搏进取、勇攀高峰的斗志
知识技能	（1）"自下而上"和"自上而下"的设计方法； （2）结构化程序设计思想； （3）常用按键控制游戏启动的原因； （4）等待触发事件的控制； （5）带参数的函数与不带参数的函数； （6）形式参数与实际参数； （7）给函数添加参数的方法； （8）串行程序与并行程序； （9）广播功能； （10）程序的复制
思维方法	通过学习"自上而下，逐层分解"的结构化分析方法，培养了结构化思维

7.2.5　学习测评

一、选择题（不定项选择题）

1. 下列关于"自上而下"和"自下而上"分析方法的说法中，正确的有哪些？（　　）

　　A."自上而下"分析方法的特点是聚沙成塔

　　B."自上而下"分析方法适用于复制的项目

　　C."自下而上"分析方法便于高效分工合作

　　D."自下而上"分析方法的代码可读性很好

2. 下列关于形式参数和实际参数的说法中，正确的有哪些？（   ）

    A. 形式参数是在定义函数时创建的参数，是一种用来代表数据的符号

    B. 实际参数是在调用函数时输入的参数，是具体的数据

    C. 形式参数会传递到函数定义中所有实际参数所在位置

    D. 实际参数会传递到函数定义中所有形式参数所在位置

3. 下列关于程序的串行和并行方式的说法中，正确的有哪些？（   ）

    A. 所谓的串行程序是指从上而下依次执行的程序

    B. 并行方式是指程序块以并列的方式同时执行，互相之间完全独立

    C. 当子函数中存在"无限循环"或"延时指令"时，只能采用并行方式

    D. 当子函数之间有先后执行顺序要求时，只能采用串行方式

二、设计题

在"富贵花儿开 1"程序的基础上修改程序，通过"询问与回答"的方式依次输入外圈和内圈的花瓣数，完成程序后保存为"富贵花儿开 2"。

第 8 章　控制与算法结构

　　目前算法科学家很吃香，许多企业不惜提供上百万年薪来吸引他们。我们先来思考一下什么是算法。算法是程序的灵魂，代表着解决问题的系统方法和步骤。当面对大量的数据，如何去编写程序来挖掘数据背后的价值呢？这就是算法科学家需要解决的问题，算法科学家指明了解决问题的方法和步骤，而普通程序员则负责具体的编程实现，算法科学家就像房子的设计师。

　　小朋友，想成为算法科学家吗？让我们一起开始本章的学习吧！本章包含4 个例子，分别是"厨师的算法""快速求面积""真假三角形""智能赛高斯"，通过这 4 个案例的学习，可以掌握基本的算法结构和流程图设计制作，为后续学习更加复杂的算法做好铺垫。

·本章主要内容·

· 认识算法与流程图 ·

· 顺序结构 ·

· 选择结构 ·

· 循环结构 ·

8.1 认识算法与流程图
——案例23：厨师的算法

8.1.1 情景导入

  算法就是解决问题的方法和步骤，体现形式不局限于计算机程序，生活中各种解决问题的方法和步骤都可以称为算法。在有"算法"的概念之前，人类就已经身体力行地使用了很多算法，从刀耕火种的原始社会到如今的信息社会，无数的算法被积累和传承下来，如水稻种植算法、捕鱼算法、治病算法、做饭算法……我们从小到大也掌握了很多算法，如我们学会了刷牙、漱口、剔牙——保持牙齿健康的算法；洗头、洗澡、洗衣服——保持身体清洁的算法；走路、跑步、骑车——移动到目的地的算法。

  人类的发展过程就是一个不断积累更多算法的过程，当人类掌握了钻木取火的算法，就可以随时获得火源烤熟食物，减少了因为吃生冷食物而发生的疾病；当人类掌握了用树枝和茅草在树上搭建房屋的算法，就可以走出阴冷的山洞并远离猛兽的侵袭；当人类掌握了驯化野生动植物的算法，就掌握了更丰富的食物来源以减少饥荒。如今人们已经发明了很多用于互联网、大数据、机器人的高级算法，还在努力寻找能够像人类一样思考的人工智能算法。

  算法对人类如此重要，让我们通过本节了解一些算法的基础知识吧！

8.1.2 案例介绍

1. 功能实现

  妈妈的生日快到了，小厨师想给妈妈做一道她最喜欢吃的糖醋排骨，于是在菜谱上找到了糖醋排骨的详细做法（烹饪算法），但是菜谱上密密麻麻的文字看起来很不方便，请用流程图清晰地表示出制作糖醋排骨的过程，"厨师的算法"界面如图 8-1 所示。

2. 流程设计。

"厨师的算法"的流程设计如图 8-2 所示。

图 8-1　"厨师的算法"界面

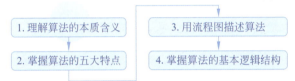

图 8-2　"厨师的算法"的流程设计

8.1.3　知 识 建 构

1. 理解算法的本质含义

小厨师不懂得如何做糖醋排骨这道菜，但是又不想请教妈妈，因为他想给妈妈一个惊喜，他还有哪些办法呢？

算法就是解决问题的方法

所谓的"算法"就是解决问题的方法和步骤，糖醋排骨的制作方法和步骤就是一个简单的"算法"。小厨师有哪些途径获得制作糖醋排骨的算法。

大致有以下途径：

自己探索尝试——不太靠谱，可能会做成黑暗料理。

去请教懂的人——比较靠谱，也许还能获得宝贵的独门秘方。

网上搜索菜谱——比较方便，不用麻烦别人就可以独立完成。

虽然通过不同途径获得的算法有所区别，但都是为了解决糖醋排骨的烹饪问题，"算法"存在的意义就是为了解决问题。

2. 掌握算法的五大特点

在网上搜索菜谱时会发现有许多版本的糖醋排骨菜谱，其中有不少是个人爱好者上传的，我们应该如何判断一个菜谱是不是有效呢？

算法的五大特点

为了判断一个菜谱是否有效，我们先来了解一个"算法"是否有效的方法。真正有效的算法需要具备以下 5 个条件，理解了这些条件，我们就可以判断一个菜谱算法是否有效。

输入：一个算法有 0 个或多个输入，所谓 0 个输入是指算法本身定好了初始条件，不需要从外部输入内容。

输出：算法至少有 1 个或多个输出，以反映对输入数据加工后的结果，没有输出的算法是毫无意义的。

有穷性：一个算法应包含有限的操作步骤而不能是无限的。

确定性：算法中的每一步都应该有确定含义，不能是含糊的、模棱两可的。

可行性：算法中执行的任何计算步骤都可以被分解为可执行的基本操作步骤，即每个计算步骤都可以在有限时间内完成。

根据算法的五大特点，一份有效的菜谱需要满足以下特点。

输入：写明需要准备的食材，包括食材名称和具体数量。准备好食材是开始烹饪的前提。

输出：写清楚做好的成品菜肴是什么样子。一般可以用图片和文字结合起来表示，色香味俱全的成品是我们挥汗如雨做菜的动力源泉。

有穷性：可以在有限的时间内完成菜肴的制作，每一步都有特定的完成时间，如"腌 20 分钟"；或者有特定的完成条件，如"将排骨煎至金黄色后盛出"，如果中间有步骤出现了无穷循环，那我们等到头发白了也吃不上这道菜，所以必须是每个步骤都具备有穷性。

确定性：对每个操作步骤的描述应该都是确定的。描述不清的菜谱可能写着"加入 1 勺调味料"，但是调味料有很多，到底是哪种呢？描述明确的菜谱会写明"加入 1 勺香醋"，直接明确是香醋这种调味料。

可行性：每个步骤都可以被分解为可执行的基本操作步骤。如果操作步骤上只写道"煮出糖醋汁"，我们则无从下手，因为糖醋汁是结果，而不是可以操作的步骤。好的菜谱要求具体到白糖和油这些可以直接操作的对象，具体介绍怎样处理白糖和油以输出糖醋汁。

3. 用流程图描述算法

从网上搜到一份糖醋排骨的菜谱如下：

糖醋排骨菜谱

主料：猪小排 500 克。

辅料：油 100 毫升、食盐 3 克、料酒 2 汤匙、香醋 2 汤匙、老抽 1 汤匙、白糖 50 克、生抽 1 汤匙、鸡精 1 勺、红糖 50 克、香菜少许。

步骤如下。

第 1 步：腌制排骨。将排骨切成小块，加 2 汤匙料酒、1 汤匙生抽、1 汤匙香醋，搅匀，腌制 20 分钟。

第 2 步：油煎排骨。锅中倒入油，油八分热时放入腌制好的排骨，煎至排骨变成金黄色，盛出，油留在锅里。

第 3 步：煮糖醋汁。油锅稍微加热一下，加入小半碗清水和 1 汤匙香醋，煮沸，再加入白糖、红糖，小火煮至汤汁变成黏稠状，煮的时候不断用筷子搅拌，防止糖粘锅。

第 4 步：排骨入味。换中火，倒入排骨，让排骨均匀地沾上糖醋汁，同时不断搅拌，再倒入 1 汤匙老抽和 5 克食盐，调入鸡精，出锅之前，确认一下客人是否接受香菜，如果接受就撒上少许香菜，否则就让美食直接出锅。

小贴士：小朋友，肚子是否发出咕咕声……

上面菜谱的文字阅读起来很不方便，怎样才能更高效、更清晰地描述出这个制作糖醋排骨的算法呢？

描述算法的3种方法

描述算法主要有自然语言、流程图和伪代码 3 种方法。

方法 1：自然语言。 用自然语言描述算法符合我们说话的习惯，但是如果要描述很复杂的算法就比较困难了，密密麻麻的文字很难清晰地展示算法内在的逻辑关系。之前的菜谱就是使用自然语言描述的，显得不够高效和清晰。

方法 2：流程图。 流程图又称为框图，以特定的图形符号加上说明表示算法。使用流程图表示算法是一种非常好的方法，流程图可以更清晰地展示算法的逻辑结构，因此被广泛使用。

方法 3：伪代码。 伪代码是介于自然语言和计算机语言之间的文字和符号，伪代码描述程序的执行过程，而不能被直接编译运行。编写伪代码的目的是让被描述的算法方便以任何一种代码语言（Pascal，C，Java 等）实现，不过编写伪代码入门较难。

描述算法最常用的方法是流程图，它的优点是高效、清晰、易懂。在软件开发领域流程图都有广泛的应用，可应用在如个人时间管理、企业经营分析等场景。

符号系统的作用

流程图中为什么要加入图形符号呢？让我们先认识一下"符号系统"的作用。

符号系统是指由符号要素及其相互关系构成的集合体，包括在特定场景下用来表示特定含义的符号，例如路口的红绿灯，红灯代表停止、绿灯代表通行、黄灯代表注意。我们很少看到写着"停止""通行""注意"这几个大字的交通灯？因为如果只用文字表示，有些不识字的人，或一些外国人，可能会因为看不懂文字而导致过马路时不知所措，即便能识字，也容易看不清，分辨灯的颜色比识别文字简单很多，能更快地传递当前的交通状态信息。

符号系统非常普遍，能帮助人们更快速地传递信息，如交警的肢体语言、垃圾桶的分类标识、球场的红牌与黄牌等都是符号系统的组成要素。

流程图的基本图形符号及其功能

流程图的基本图形符号如表 8-1 所示，等我们掌握了这些图形符号之后再看流程图所描述的算法，就会像看红绿灯一样，能快速地理解其中的关键信息。

表 8-1　基本图形符号

图形符号	名　　称	功　　能
▭	起止框	表示一个算法的起始和结束，任何一个框图都必须有起止框
▱	输入/输出框	表示数据的输入或结果的输出
▱	处理框	表示执行数据处理，如赋值、计算等
◇	判断框	判断某一条件是否成立，成立时，在出口处标明"是"（或 Y），不成立时，在出口处标明"否"（或 N），判断框是唯一一个具有多个退出点的图形符号
↓⌐→	流程线	用于连接框图，表示流程的方向，一般不交叉

主流程和子流程

回头看糖醋排骨的菜谱，我们发现其中具体的操作步骤很多，如果做成完整的流程图将会很长。面对这种情况，我们可以用"主流程＋子流程"的方式描述，主流程就是用抽象的大步骤描述整个流程，子流程就是将其中的每个大步骤都拆分为可执行的小步骤。我们可以将糖醋排骨的菜谱分为 4 个大步骤：腌制排骨、油煎排骨、煮糖醋汁和排骨入味，然后再将 4 个大步骤继续拆分为小步骤，最后分别用主流程图和子流程图表示大步骤和小步骤。

用流程图表示糖醋排骨的制作方法，并拆解为 1 个主流程和 4 个子流程，如图 8-3 所示。

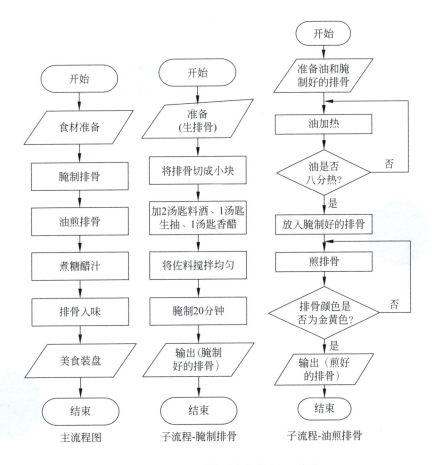

图 8-3 制作糖醋排骨的主流程和子流程

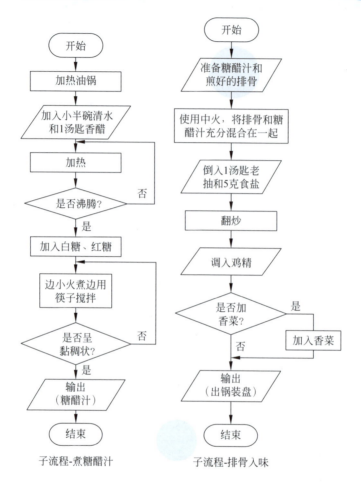

图 8-3　制作糖醋排骨的主流程和子流程（续）

4. 掌握算法的基本逻辑结构

虽然糖醋排骨的烹饪算法步骤繁多，但是流程图的结构看起来却很相似，你能从中找出基本逻辑结构吗？

原子思维

生活中的物体，如飞机、佳肴、衣服等，虽然千差万别，但它们都是由原子组成的，甚至我们的身体也是。那么什么是原子呢？原子就是化学反应中不可再分的基本微粒，是组成物体的基本单元。

原子思维就是找到组成复杂事物的不可分的最小基本单元，可以帮助我们更好地理解复杂事物，因为再复杂的事物也都是由简单的基本单元组合而成的。原子思维作为解决问题的一个有力的思维方式，对于很多学科都有重大的启迪作用。例如，机械工程师利用原子思维研究运动的基本种类，语言学家利用原子思维研究基本语法单元，心理学家利用原子思维研究人的基本情绪……想成为编程高手的你也需要利用原子思维研究明白算法的基本结构。

算法的3种基本逻辑结构

从流程图中可以找出算法的 3 种基本逻辑结构：顺序结构、选择结构、循环结构，用流程图表示 3 种基本逻辑结构如图 8-4 所示。

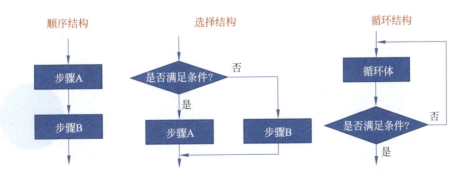

图 8-4　算法逻辑结构的流程图表示

顺序结构：按顺序依次执行某些步骤。

选择结构：根据条件判断结果选择相应的执行步骤。

循环结构：在局部重复执行某个步骤（循环体），直到满足一定条件才停止。

主流程图和子流程 - 腌制排骨都是顺序结构，而子流程 - 油煎排骨和子流程 - 煮糖醋汁各包含两个循环结构，子流程 - 排骨入味包含一个选择结构。

8.1.4　收 获 总 结

类别	收　获
生活态度	通过了解人类的发展过程就是一个不断积累更多算法的过程，提高了学习并积累更多算法的积极性
知识技能	（1）算法就是解决问题的方法和步骤； （2）算法积累的重要意义：个人的成长需要掌握更多"算法"，人类的进步也源自"算法"的积累； （3）算法的 5 大特点：输入（0 个以上输入）、输出（1 个以上输出）、有穷性、确定性、可行性； （4）描述算法的 3 种方法：自然语言、流程图、伪代码，其中流程图最常用，其优点是高效、清晰、易懂； （5）符号系统包括在特定场景下用来表示特定含义的符号，如路口的红绿灯，这些符号能帮助人们更快速地传递信息； （6）流程图的基本图形符号有起止框、输入 / 输出框、判断框、处理框、流程线； （7）对于复杂的流程，使用主流程和子流程能更清晰地描述； （8）原子思维就是找到组成复杂事物的不可分的最小基本单元，是我们解决问题的一个有力思维方式； （9）算法的 3 种基本逻辑结构：顺序结构、选择结构、循环结构
思维方法	通过研究算法的基本结构，将复杂程序分解成简单的基本单元，培养了原子思维

8.1.5　学习测评

一、选择题（不定项选择题）

1. 下列关于算法特点的说法中，正确的有哪些? (　　　)

　　A．算法至少需要具备 1 个输入

　　B．算法至少有 1 个或多个输出

　　C．比较复杂的算法可以包含无限的操作步骤

　　D．一个正确的算法应该包含有限的操作步骤

2. 下列关于算法描述方法的说法中，正确的有哪些? (　　　)

　　A．描述算法主要有自然语言、流程图和伪代码 3 种方法

　　B．用自然语言描述算法符合我们的说话习惯，但自然语言不适用于描述很复杂的算法

　　C．用流程图表示算法是一种非常好的方法，流程图能更清晰地展示算法的逻辑结构

　　D．伪代码是介于自然语言和计算机语言之间的文字和符号，能直接编译运行

3. 下列哪些行为体现了对原子思维的应用? (　　　)

　　A．学校制定评选优秀学生干部的基本条件

　　B．经济学家调研新冠疫情期间农产品市场的基本情况

　　C．心理学家研究人的基本情绪

　　D．语言学家研究基本语法单元

4. 算法的基本逻辑结构有哪些? (　　　)

　　A．顺序结构　　　　B．选择结构　　　　C．判断结构　　　　D．循环结构

二、判断题（判断下列各项叙述是否正确，对的在括号中填"√"，错的填"×"）

1. 编写伪代码的目的是让被描述的算法容易用任何一种代码语言去实现。(　　　)

2. 描述算法最常用的方法是流程图，它的优点是高效、清晰、易懂。(　　　)

3. 流程图在软件开发和非软件开发领域都有广泛的应用。(　　　)

4. 符号能比文字更加快速地帮助人们传递信息。(　　　)

8.2　顺序结构
——案例24：快速求面积

　　叙拉古的国王让工匠替他做了一顶纯金的王冠，但是在做好之后，国王疑心工匠做的王冠并非纯金，疑心工匠私吞了黄金。国王想要验证王冠的纯度，但又不能破坏王冠，而这顶王冠确又与当初交给工匠的纯金一样重。这个问题难倒了国王和诸位大臣。经一大臣建议，国王请来阿基米德检验王冠。

　　最初阿基米德对这个问题无计可施。有一天，他在家洗澡，当他坐进浴缸，看到水往外溢时，突然想到可以用测定固体在水中排水量的办法确定王冠的体积。他兴奋地从浴缸中一跃而起，连衣服都顾不得穿上就跑了出去，大声喊着："尤里卡！尤里卡！"（尤里卡的意思是"找到了"）

　　他来到王宫后，把王冠和同等重量的纯金放在盛满水的两个盆里，比较两盆溢出来的水，发现放王冠的盆里溢出来的水比另一盆多。这就说明王冠的体积比相同重量的纯金的体积大，密度不相同，所以证明了王冠里掺进了其他金属。

　　阿基米德用排水法测量了王冠的体积。我国也有一个相似的故事——曹冲称象，话说当年只有 6 岁的曹冲就用排水法测量出大象的体重，成为千古流传的佳话。除了测量物体的体积和重量，常见的还有测量面积，例如分配土地、装修房子、布置家具等都免不了要测量面积。让我们用 Scratch 做个便捷的面积计算器吧！

8.2.2 案例介绍

1. 功能实现

请设计一个面积计算器快速地计算基础图形的面积。只要我们单击图形按钮（圆、三角形、梯形），就能以问答的方式输入对应的形状参数（例如边长、半径等），然后自动求解并说出图形的面积。"快速求面积"界面如图 8-5 所示。

图 8-5 "快速求面积"界面

2. 素材添加

背景：冬天 Winter（可任选一个色彩简单、纯净的图片作背景）。

角色：圆形按钮 Button1、长条形按钮 Button2。

3. 流程设计

"快速求面积"的流程设计如图 8-6 所示。

程序效果
视频观看

图 8-6 "快速求面积"的流程设计

8.2.3 知识建构

1. 掌握求圆面积的方法

假设有一天你去店里买比萨饼，你告诉服务员要一个 12 英寸（1 英寸 ≈ 2.54 厘米）的比萨，但是服务员说 12 英寸的比萨没有了，但是可以用同样的钱买两个同样厚度的 6 英寸的比萨，你要不要同意呢？

求圆面积的方法

所谓的"12 英寸比萨"是指这个比萨是个直径为 12 英寸的圆柱，而我们能吃到多少比萨，本质上取决于这个圆柱的体积，但在比萨厚度相同的情况下，这就取决于圆的面积。那么已知圆的直径，如何求出圆的面积呢？

圆有两个关键要素：圆心和半径。圆心是到圆周距离都相等且与圆在同一个平面的点，它决定了圆的位置，通常记作 O；半径是圆心到圆周的距离，它决定了圆的大小，记作 r，而直径是半径的两倍，记作 d。

在计算圆的面积时，我们首先把圆分割成许多扇形，然后将这些扇形拼成一个近似的长方形，随着小扇形的弧长越来越短，这个近似长方形会越来越标准，直到小扇形的弧长变成一个点，拼成的图形就是一个标准的长方形。而长方形的长为圆的周长的一半（πr），宽为圆的半径（r），所以圆的面积 = 长方形的面积 = 长 × 宽 = $\pi r \times r = \pi r^2$，圆的面积的求法如图 8-7 所示。

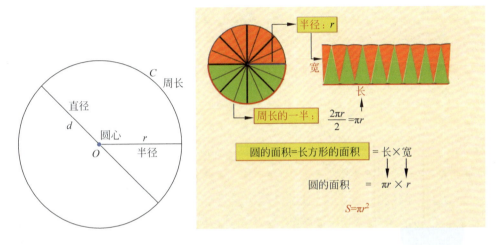

图 8-7　圆的面积的求法

 Act

回到买比萨的问题，一个 12 英寸的比萨，半径是 6 英寸，因此面积为 3.14 × 6 × 6 = 113.04 平方英寸。两个 6 英寸的比萨，面积为 2 × (3.14 × 3 × 3) = 56.52 平方英寸。一个 12 英寸的比萨是两个 6 英寸比萨面积的两倍，因此若用相同的钱来买，一个 12 英寸的比萨应该换 4 个 6 英寸的比萨。看来出门在外，懂点数学才不会吃亏哦!

2. 画出求圆面积的流程图

 **Ask**

掌握了求圆面积的方法后，可以将求圆面积的步骤画成流程图，请问求圆面积的

过程包括什么算法结构？流程图又该怎样画呢？

 *Analyze*

顺序结构

顺序结构是流程图中最简单的结构，就是按照先后顺序依次执行每个步骤。顺序结构流程也体现在我们的生活中，如早晨起床后，你会先穿衣服，然后洗漱，接着吃早饭，最后背上书包去上学，这一系列动作都是按照时间顺序依次发生的。

顺序结构流程图

如果一个程序中只有顺序结构，我们可以使用一个通用顺序结构流程图表示，如图 8-8 所示。"开始"和"结束"步骤在首、尾出现一次，中间的"输入""处理""输出"步骤，可能一次都不需要，也可能需要若干次。总的来说，顺序结构流程图中没有选择框，并且流程线一路向下，依次完成各步骤，没有重复循环步骤。

图 8-8　通用顺序结构流程图

 Act

在求圆面积这个过程中，首先需要输入圆的半径 r，再计算圆的面积 $S=\pi r^2$，最后输出圆的面积 S，将上述步骤依次代入顺序结构的流程图即可。

3. 根据流程图编写求圆面积的程序

 *Ask*

视频观看

有了流程图，我们就可以根据流程图用任意一种编程语言实现其功能。在 Scratch

中，如何编写求圆面积的程序，实现只要单击"圆"按钮，就自动询问半径，然后自动求解并说出圆的面积呢？

与流程图对应的程序指令

我们需要首先准备好背景和角色，然后给角色编程，也就是把流程图里的各个步骤用 Scratch 程序指令表达出来，求圆面积流程图如图 8-9 所示。

开始：对应 Scratch 中的触发事件，相当于选择"当角色被点击"指令积木。

输入：对应 Scratch 中的询问指令，本例"输入 r"将"回答"保存在变量"半径"中。

处理：对应 Scratch 中的运算指令，本例 $S=\pi r^2$ 是将变量"面积"设置为 $3.14 \times$ 半径 $\times$ 半径。

图 8-9　求圆面积流程图

输出：对应 Scratch 中的说话指令，本例步骤"输出 S"即说出"圆的面积是（变量面积）"。

结束：无须额外指令，自然结束。

第 1 步：添加背景和角色。

添加背景 Winter，或者任选一个色彩简单、纯净的图片作背景。

添加角色 Button2 并更改造型，拉长按钮并输入"快速求面积"字样，然后将该按钮拖到舞台上方，如图 8-10 所示。

图 8-10　添加背景和角色

169

添加角色 Button1 并更改造型，在按钮上输入"圆"字样，然后将该按钮拖到舞台中心。

第 2 步：创建变量保存半径和面积。

设置变量"半径"和"面积"，由于后续还要计算三角形和梯形面积，为了避免设置太多不必要的变量，此处将变量设为私有变量，如图 8-11 所示。

图 8-11　创建变量保存半径和面积

第 3 步：按照流程图编写程序。

按照流程图编写程序，如图 8-12 所示。

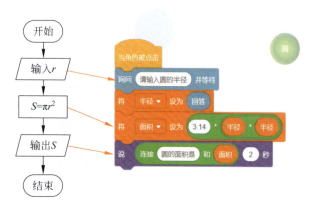

图 8-12　按照流程图编写程序

4. 画出求三角形、梯形面积的流程图

现在已经能够快速地求出圆的面积了，接下来继续求三角形、梯形的面积。请分析与求圆面积的流程有什么异同，并画出求三角形、梯形面积的流程图。

求三角形和梯形面积的方法

要计算三角形和梯形的面积，方法都是先将两个三角形、梯形上下翻转拼接，转换为平行四边形，然后再计算平行四边形面积，再除以 2 得到三角形、梯形的面积，如图 8-13 所示。

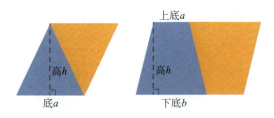

图 8-13 求三角形和梯形的面积

两个三角形或者梯形可以拼出一个平行四边形，平行四边形的面积和长方形面积计算方法相同，都是"面积 = 底 × 高"，因此很容易得到面积计算公式。

$$三角形面积：S = \frac{ah}{2} \qquad 梯形面积：S = \frac{(a+b)h}{2}$$

分析求面积流程的异同

求三角形、梯形面积和求圆面积有什么异同呢？分析面积公式，我们可以发现相同点是求解流程图都是顺序结构，而不同点是输入的参数个数不同：求圆面积只需要输入一个参数，而求三角形面积需要输入两个参数，求梯形面积则需要输入 3 个参数。

求三角形和梯形面积的流程图跟求圆面积一样都是顺序结构，区别是输入的参数个数不同，具体流程图如图 8-14 所示。

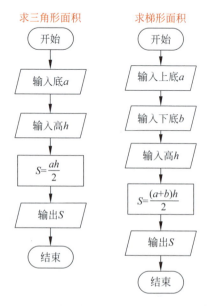

图 8-14　求三角形和梯形面积的流程图

5. 编写求三角形、梯形面积的程序

视频观看

如何根据流程图编写出求三角形和梯形面积的程序呢？实现只要单击"三角形"按钮或"梯形"按钮，就能自动询问底和高等所需参数，然后自动求解并说出图形的面积的功能。

求三角形、梯形面积的程序结构与求圆面积的程序结构基本相同，主要区别在于

询问的参数、面积的计算方法和播报的内容不同。

第 1 步：添加按钮角色。

复制两次按钮角色 Button1，然后分别将按钮的文字改为"三角形"和"梯形"，然后将三个按钮整齐地摆放在合适的位置，如图 8-15 所示。

第 2 步：编写求三角形面积的程序。

首先在"三角形"按钮角色中创建"仅适用于当前角色"的私有变量"底""高"和"面积"，然后使用两次 询问 并等待 指令积木输入参数"底"和"高"，接着修改面积计算公式为 $S = \dfrac{ah}{2}$，最后说出三角形面积的大小，如图 8-16 所示。

图 8-15　添加按钮角色

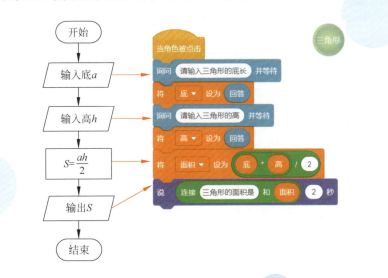

图 8-16　编写求三角形面积的程序

第 3 步：编写求梯形面积的程序。

首先在"梯形"按钮角色中创建"仅适用于当前角色"的私有变量"上底""下底""高""面积"，然后使用三次"询问"指令积木进行参数输入，接着修改面积计算公式为 $S = \dfrac{(a+b)h}{2}$，最后说出梯形面积的大小。

6. 创意扩展

通过询问的方式输入圆环内外圈的半径，然后自动计算出圆环的面积，如图 8-17 所示。提示：可以用圆环外圈的面积减去内圈的面积得到圆环的面积。

完成程序后保存为"快速求面积 1"。

图 8-17　求圆环面积

8.2.4　收获总结

类别	收获
生活态度	通过"阿基米德检验王冠""曹冲称象""买披萨"等事例，了解数学和物理知识在生活中的应用，提高了对数理知识的喜爱
知识技能	（1）求圆面积的方法：把圆分割成许多扇形，然后将这些扇形拼成一个近似的长方形，而长方形的长为圆的周长的一半（πr），宽为圆的半径（r），所以圆的面积 ＝ 长方形的面积 ＝ 长 × 宽 ＝$\pi r \times r = \pi r^2$； （2）求三角形、梯形面积的方法：将两个三角形、梯形上下翻转拼接成平行四边形，再通过将求得的平行四边形的面积除以 2 得到三角形和梯形的面积； （3）顺序结构的特点及其流程图表示； （4）流程图各步骤与编程指令的转换
思维方法	通过计算圆面积的方式来判断用同样的钱买两个相同厚度而直径为一半的比萨是否合适，培养了数据思维

8.2.5 学习测评

一、选择题（不定项选择题）

1. 已知圆的半径为 r，圆的周长公式是什么？（　　）

   A. $L=\pi r^2$　　　　　　　　　　　B. $L=2\pi r^2$

   C. $L=\pi r$　　　　　　　　　　　　D. $L=2\pi r$

2. 已知三角形的底为 a、高为 h，三角形的面积公式是什么？（　　）

   A. $S=ah$　　　　　　　　　　　　B. $S=3ah$

   C. $S=\dfrac{ah}{3}$　　　　　　　　　　D. $S=\dfrac{ah}{2}$

3. 已知梯形的上底为 a、下底为 b、高为 h，梯形的面积公式是什么？（　　）

   A. $S=\dfrac{(a+b)h}{3}$　　　　　　　B. $S=\dfrac{(a+b)h}{2}$

   C. $S=(a+b)h$　　　　　　　　　D. $S=2(a+b)h$

4. 下列关于顺序结构的流程图的说法中，正确的有哪些？（　　）

   A. 如果程序中只有顺序结构，可以用一个通用的顺序结构流程图来表示各步骤

   B. 在顺序结构的流程图中，"开始"和"结束"步骤只分别在首、尾出现一次

   C. "输入""处理""输出"等中间操作步骤，可能一次都不出现

   D. 顺序结构不出现选择框，并且流程线一路向下，依次完成各步骤

8.3 选择结构
——案例25：真假三角形

8.3.1 情景导入

　　一般将从实物中抽象出的各种基础图形统称为几何图形，几何图形可帮助人们有效地刻画错综复杂的世界。生活中到处都有几何图形，我们所看见的一切都是由点、线、面等基本几何图形组成的，丰富的变化使几何图形拥有无穷的魅力。

　　几何这个词来自希腊语，指土地的测量，即测地术，最早记载可以追溯到大约公元前 3000 年。早期的几何学是关于长度、角度、面积和体积的经验原理，用于满足测绘、建筑、天文和各种工艺制作中的实际需要。如今，几何已经发展成为数学的重要分支之一，并渗透到了生活中。

　　几何图形的特殊性质使它在我们的生活中扮演着特别重要的角色，圆形的车轮让车辆滚滚向前，晾衣架、升降台、自动门常利用平行四边形容易变形的特性实现伸缩功能。在各种几何图形中，最稳固抗压的是三角形。在各种建筑中随处可见三角形的踪影，埃及金字塔、埃菲尔铁塔和港珠澳大桥都应用了三角形的稳定性原理。

　　并不是任意的 3 条边都可以组成三角形，如果其中两条较短边加起来的长度小于第 3 条边，那就无法组成三角形了。让我们用 Scratch 设计一个程序，实现输入任意 3 个边长值，就立刻自动判断出能不能组成三角形吧！

8.3.2 案例介绍

1. 功能实现

　　请帮助小姑娘 Abby 设计一个便捷的三角形判断程序，只要依次输入 3 条边的边长，小姑娘就能立刻判断出这 3 条边是否可以组成一个三角形，界面如图 8-18 所示。

图 8-18 "真假三角形"界面

2. 素材添加

背景：蓝天 Blue Sky（可任选一个色彩简单、纯净的图片作背景）。

角色：人物 Abby。

程序效果
视频观看

3. 流程设计

"真假三角形"的流程设计如图 8-19 所示。

1.了解三角形的边长关系	4.画出判断能否组成三角形的流程图
2.画出判断 $a+b>c$ 是否成立的流程图	5.编写判断能否组成三角形的程序
3.编写判断 $a+b>c$ 是否成立的程序	6.创意扩展

图 8-19 "真假三角形"的流程设计

8.3.3　知识建构

1.　了解三角形的边长关系

要用小木棍摆出三角形，请问如图 8-20 所示的哪组小木棍能成功？

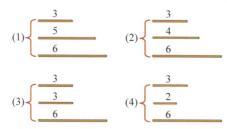

图 8-20　小木棍组合

三角形的边长关系

　　三角形是由不在同一直线上的 3 条线段首尾顺次相接所组成的封闭图形。在一个三角形中，任意两边之和肯定大于第 3 边，这是因为两点之间的线段最短。

　　如图 8-21 所示，假设你的家在 A 点，学校在 B 点。平时你都是沿着 A—B 路线上学，有一天你想在上学之前去位于 C 点的商店买文具，你只好沿着 A—C—B 路线去上学，那么你这一天上学所走的路程（AC+CB）是不是比平时（AB）要远呢？

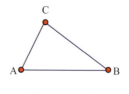

图 8-21　三角形

　　根据任意两边之和大于第三边的判断条件，分析 4 组木棍的长度关系，如表 8-2 所示，可以知道图 8-20 中（1）（2）两组木棍能组成三角形，（3）（4）两组木棍不能组成

三角形。

表 8-2　4 组木棍的长度关系

序　号	三　边　长	边　长　关　系	能否组成三角形
（1）	3、5、6	$3+5 > 6, 3+6 > 5, 5+6 > 3$	能
（2）	3、4、6	$3+4 > 6, 3+6 > 4, 4+6 > 3$	能
（3）	3、3、6	$3+3=6, 3+6 > 3, 3+6 > 3$	否
（4）	3、2、6	$3+2 < 6, 3+6 > 2, 2+6 > 3$	否

如果我们实际摆放一下木棍，可以看到如图 8-22 所示的摆放情况。

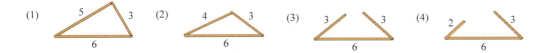

图 8-22　4 组木棍实际摆放情况

2. 画出判断 $a+b > c$ 是否成立的流程图

如果输入三条边的长度 a、b、c，我们先挑选 a、b 两条边，判断这两条边相加是否大于第三条边，也就是判断 $a+b > c$ 是否成立，如果成立就说出"大于"，否则就说出"不大于"。这需要用到哪种程序结构？该如何画流程图呢？

选择结构的概念

我们已经知道，在顺序结构中各步骤是按自上而下的顺序依次执行的，不需要判断某些步骤执行与否。但是在很多时候，我们需要根据条件是否满足执行不同的步骤，这就需要用到选择结构。

179

选择结构比顺序结构复杂。例如，爸爸妈妈骑车带我们去上学时，我们通常可以不用考虑太多，按顺序行动（出门—上车—下车—进校，类似顺序结构），而爸爸妈妈则要考虑复杂的情况，按复杂的选择行动（类似选择结构）：如果天晴，就戴遮阳帽，如果下雨，就带雨衣；如果按时起床，就以正常速度骑车，如果起晚了，就骑快一些；如果在路口看到绿灯，就通过，如果看到红灯，就停下；如果道路通畅，就一路向前，如果遇到路障，就绕开。

选择结构的组成

选择结构包括 3 个组成部分："条件判断""执行步骤""是否满足条件标记"。"条件判断"用菱形的判断框表示，"执行步骤"用长方形的处理框表示，"是否满足条件标记"用 Y 和 N 表示（分别是 Yes 和 No 的首字母）或者用"是"和"否"表示，标在从判断框引出的流程线上。

选择结构的形式

根据各分支执行语句的数量，选择结构有单分支选择结构、双分支选择结构和多分支选择结构 3 种形式。

单分支选择结构： 只有条件满足时才执行步骤，否则没有任何执行步骤。例如，如果"饿了"条件满足，那么就吃东西，否则就什么也不做。在 Scratch 中，单分支选择结构对应指令积木"如果……那么……"，如图 8-23 所示。

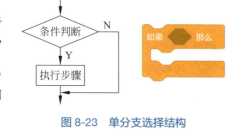

图 8-23　单分支选择结构

双分支选择结构： 无论条件满足或不满足，都有各自的执行步骤。例如，如果"饿了"条件满足，那么就吃东西，否则就写作业。在 Scratch 中，双分支选择结构对应指令积木"如果……那么……否则……"，如图 8-24 所示。

多分支选择结构： 需要同时对多个条件

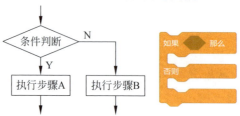

图 8-24　双分支选择结构

进行判断，且在多条分支中都有执行步骤。例如，如果想吃面，就去兰州拉面；如果想吃汉堡，就去麦当劳；如果想吃火锅，就去海底捞。在 Scratch 中，多分支选择结构需要用多个指令积木嵌套在一起使用。

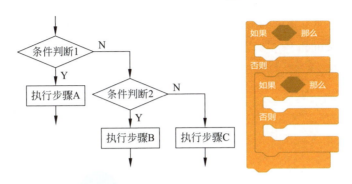

图 8-25　多分支选择结构

判断 $a+b>c$ 是否成立并分别说出不同内容，需要用双分支选择结构。步骤如下。

第 1 步：输入 3 条边的边长 a、b、c。

第 2 步：判断 $a+b>c$ 是否成立。

第 3 步：根据条件满足与否说出不同内容。

流程图如图 8-26 所示。

3. 编写判断 $a+b>c$ 是否成立的程序

有了判断 $a+b>c$ 是否成立的流程图，如何编写出对应的程序呢？

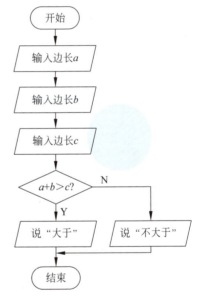

图 8-26　判断 $a+b>c$ 是否成立的流程图

与流程图对应的程序指令

开始：对应 Scratch 中的触发事件，相当于选择 指令积木。

视频观看

181

输入：对应 Scratch 中询问指令，设置 3 个变量 a、b、c，用于保存依次输入的边长。

判断：对应 Scratch 中"如果……那么……否则……"指令，判断条件为 $a+b > c$。

执行：在"那么"分支后面说"大于"，在"否则"分支后面说"不大于"。

结束：无须额外指令。

图 8-27　添加背景和角色

第 1 步：添加背景和角色。

背景设置为 Blue Sky，或者任意色彩简单、纯净的图片；添加角色 Abby，然后放置在舞台上的合适位置，如图 8-27 所示。

第 2 步：创建变量，保存边长。

创建 3 个全局变量并分别命名为 a、b、c，用于保存 3 条边的边长，如图 8-28 所示。

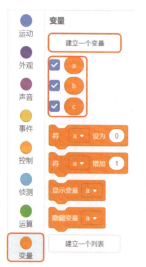

图 8-28　创建变量并保存边长

第 3 步：按照流程图编写程序。

按流程图编写程序，如图 8-29 所示。

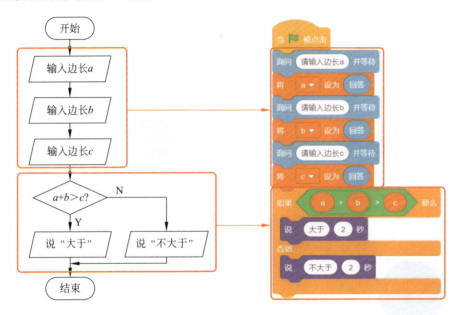

图 8-29 按照流程图编写程序

4. 画出判断能否组成三角形的流程图

 *Ask*

三角形的边长关系为：任意两边之和大于第三边。先输入 3 条边的边长 a、b、c，再判断能否组成三角形，如何用流程图表示呢？

 *Analyze*

判断多个条件是否同时成立

要判断能否组成三角形，我们需要判断 $a+b > c$、$a+c > b$、$b+c > a$ 这 3 个条件是否同时成立。如何判断多个条件是否同时成立呢？可以采用"条件合并法"和"执行嵌套法"。下面以判断两个条件是否同时成立为例进行介绍，如图 8-30 所示。

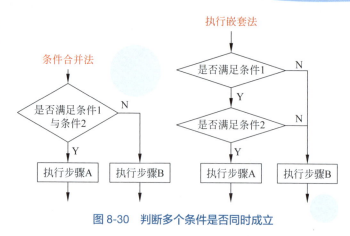

图 8-30　判断多个条件是否同时成立

条件合并法：把多个条件通过逻辑运算符 合并成一个新的条件，并放入选择语句的条件框中。

　　执行嵌套法：在前一个选择语句的执行部分，嵌套后一个选择语句，也就是说，只有满足条件 1 之后才继续判断是否满足条件 2。

 **Act**

　　将输入 3 条边边长的动作在输入框中合并表示，然后用"条件合并法"和"执行嵌套法"分别画出流程图，如图 8-31 所示。

视频观看

5. 编写判断能否组成三角形的程序

 **Ask**

　　根据判断 3 条边 a、b、c 能否组成三角形的流程图，如何编写出对应的程序呢？

Analyze

　　要实现"条件合并"，可以用逻辑运算符 **与** 来连接，如图 8-32 所示。

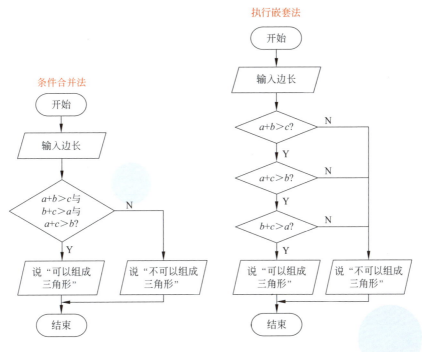

图 8-31　用"条件合并法"和"执行嵌套法"画流程图

要实现"执行嵌套",可以用"如果……那么……否则……"选择语句来进行嵌套,如图 8-33 所示。

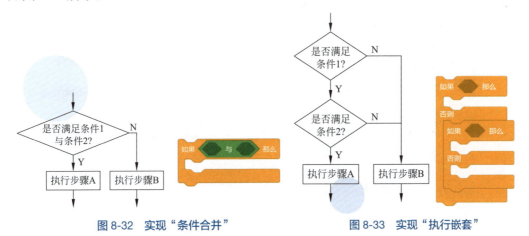

图 8-32　实现"条件合并"　　　　　　　图 8-33　实现"执行嵌套"

185

分别根据"条件合并法"和"执行嵌套法"的流程图得出控制程序，如图 8-34 和图 8-35 所示。

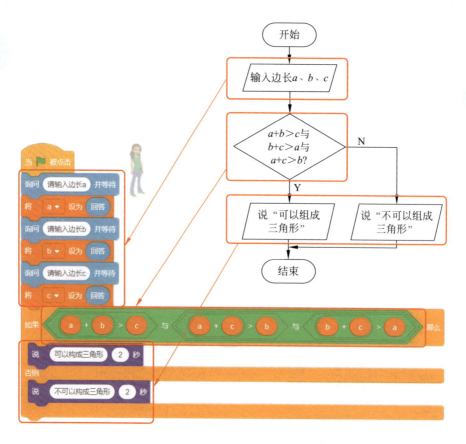

图 8-34　根据"条件合并法"流程得出控制程序

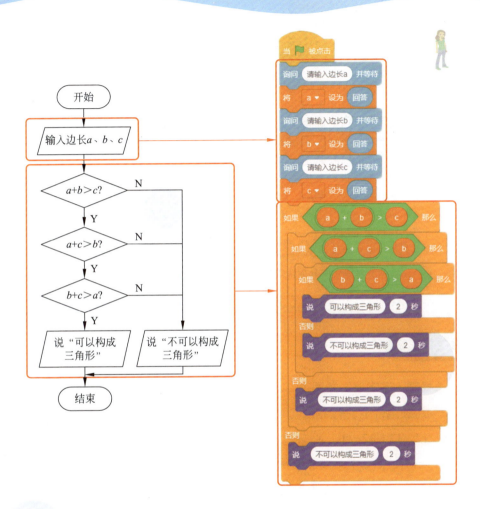

图 8-35　根据"执行嵌套法"流程图得出控制程序

6. 创意扩展

从大到小依次输入各边长 a、b、c，若满足 $b^2+c^2=a^2$，则是直角三角形；若满足 $b^2+c^2 > a^2$，则是锐角三角形；若满足 $b^2+c^2 < a^2$，则是钝角三角形。请通过编程进一步判断三角形的类型。

完成程序后保存为"真假三角形 1"。

8.3.4　收获总结

类别	收　获
生活态度	通过了解几何图形在我们的生活中扮演的重要角色，萌发对数理知识的兴趣
知识技能	（1）三角形的三边关系，即任意两边之和大于第三边； （2）选择结构的概念及其流程图表示，选择结构需要对条件进行判断，主要包括条件判断、执行步骤和是否满足条件标记三部分； （3）根据各分支执行语句的数量，选择结构有单分支选择结构、双分支选择结构、多分支选择结构3种形式； （4）判断多个条件是否同时成立有条件合并法、执行嵌套法两种方法
思维方法	通过"爸爸妈妈骑车带我们去上学"的例子理解顺序结构和选择结构，锻炼了类比思维

8.3.5　学习测评

一、选择题（不定项选择题）

1. 下列边长组合中，能组成三角形的有哪些？（　　　）

　　A. 12，12，12　B. 8，12，20　C. 8，12，16　　　D. 8，12，24

2. 选择结构包括哪些组成部分？（　　　）

　　A. 条件判断　　　B. 执行步骤　　C. 选择状态标记　　D. 是否满足条件标记

3. 判断多个条件是否同时成立的方法有哪些？（　　　）

　　A. 条件合并法　B. 重复执行法　C. 执行嵌套法　　　D. 顺序判断法

二、设计题

　　闰年的特点：年份能被4整除且不能被100整除，或能被400整除。在6.3节"慧眼识闰年"案例中，我们采用"条件合并法"，用一个"如果……那么……否则……"选择语句实现了闰年的判断，现在请利用本节学习的"执行嵌套法"绘制出流程图，并重新编写程序，完成程序后保存为"慧眼识闰年2"。

8.4 循环结构
——案例26：智能赛高斯

8.4.1 情景导入

高斯是近代数学奠基者之一，被认为是历史上最重要的数学家之一，并享有"数学王子"之称。高斯、阿基米德、牛顿并称为世界三大数学家。

在高斯读小学的时候，有一次老师在教完加法后想要休息，便出了一道题目来考大家：

$1+2+3+\cdots+97+98+99+100 = ?$

老师心里想，这下子学生要算到下课了吧！正要借口出去时，却被高斯叫住了！原来呀，高斯已经算出来了，他得意地回答："答案是 5050。"

现在把题目难度加大，计算一个数列的和：

$1+1/2+1/3+\cdots+1/98+1/99+1/100= ?$

不知当时高斯能否算出这样的数列之和，让我们来和高斯比一比吧。

小朋友，你们现在有的可不只是一支笔，还有一台"无敌"的计算机呢，能不能编个智能小程序，把题目计算出来呢？

8.4.2 案例介绍

1. 功能实现

小姑娘想要进行一系列的数列计算，题目如下。

题目 1：$1+2+3+\cdots+100= ?$

题目 2：$1+1/2+1/3+\cdots+1/98+1/99+1/100= ?$

题目 3：$1+2+3+\cdots+n>10000$，求 n 的最小值。

请帮助设计一个用于快速计算上述问题的程序，当按下 1、2、3 键时，让小姑娘分别说出题目 1、2、3 的答案，界面如图 8-36 所示。

图 8-36 "智能赛高斯"界面

2. 素材添加

背景：教室 Chalkboard。

角色：小姑娘 Ballerina。

3. 流程设计

"智能赛高斯"的流程设计如图 8-37 所示。

程序效果
视频观看

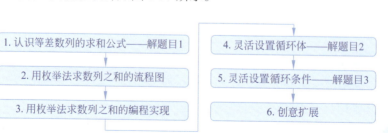

图 8-37 "智能赛高斯"的流程设计

8.4.3　知识建构

1. 认识等差数列的求和公式

对于题目 1：1+2+3+…+100=？，你能算出答案吗？

等差数列的求和公式

1、2、3、…、100 是典型的等差数列，它的特点是后一项减去前一项的差是一个常数，这个常数被称作"公差"，记作 d。数列的第一项叫作"首项"，最后一项叫作"尾项"，数列的成员个数叫作"项数"。

如果等差数列的首项、尾项和项数都已知，我们可以直接使用等差数列的求和公式计算数列之和。下面以求数列 1、3、5、7、9 的和为例，推导等差数列的求和公式。等差数列的求和步骤如下。

第 1 步：将数列倒序排列成 9、7、5、3、1。

第 2 步：将顺序数列和倒序数列的对应位置相加，得到 10、10、10、10、10，如图 8-38 所示。

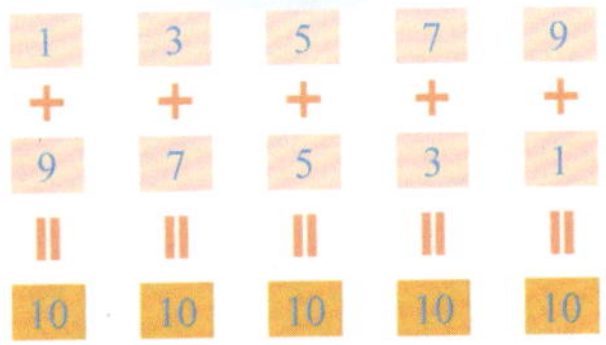

第 3 步：两组数列的和为 10×5=50，由于我们将每一个数字都加了两遍，所以最终结果要除以 2，数列的和为 50÷2=25。

图 8-38　等差数列求和

根据上述步骤，我们得到求和公式

$$S_n = \frac{n(a_1 + a_n)}{2}$$

其中，a_1 是首项；a_n 是尾项；n 为项数。

对于等差数列 1、2、3、…、100，首项是 1，尾项是 100，项数是 100，套用求和公式得 $S=100\times(1+100)\div 2=5050$。

2. 用枚举法求数列之和的流程图

对于等差数列 1、2、3、…、100，如果让计算机从前往后把每一个数字依次相加，最终也能得到正确结果，请问这用到了什么程序结构？试画出流程图。

用枚举法实现等差数列的求和

从前往后依次列举出数列中的每一个数字，并将列举的数字依次加入总和，具体计算过程如下：

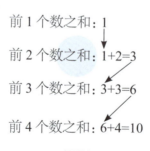

前 1 个数之和：1

前 2 个数之和：1+2=3

前 3 个数之和：3+3=6

前 4 个数之和：6+4=10

……

前 100 个数之和：4950+100=5050

上面的计算方法其实就是枚举法：把所有情况一一列举出来，并进行相应操作。虽然枚举法从表面上看是个笨方法，但是由于计算机的运行速度非常快，枚举法成了计算机程序中非常好用的算法之一。

枚举法的核心是循环结构

枚举法的核心是循环结构。以求等差数列 1、2、3、…、100 的和为例，从 $n=1$ 开始，循环求和一共进行了 99 次。其中的基本循环体是：为了进行计算，将前面 1 到 $n-1$ 项的总和加上当前项 n 的值；为了记录循环次数，每次计算后将 n 增加 1；为了计算到 100 就停止，循环终止条件是 $n>100$。

循环结构的组成

程序的 3 大基础结构是顺序结构、选择结构、循环结构。循环结构是指在一定条件下反复执行某些步骤的结构。利用好循环结构，可以充分发挥计算机的计算能力，降低人的工作量。循环结构包括循环体、循环条件、是否满足条件标记 3 部分。

（1）循环体：是指重复执行的动作，可以是单步动作，也可以是动作组合，甚至可以嵌套进其他循环结构。

（2）循环条件：是判断执行循环体与否的依据，每一轮循环都是通过判断循环条件是否满足决定是继续执行循环体，还是退出循环。

（3）是否满足条件标记：用 Y 和 N 表示（分别是 Yes 和 No 的首字母）或者用"是"和"否"表示，标在从判断框引出的流程线上。

循环结构的类型

根据循环体和循环条件的不同组合形式，循环结构可以分成"当型"和"直到型"这两种基本类型。

（1）"当型"循环结构。

"当型"循环结构中，循环条件在前，循环体在后，即每一轮循环都要先判断循环条件是否为真，如果为真，则执行循环体；反之，则退出循环。例如，当上课的时候，同学们就持续听讲。

（2）"直到型"循环结构。

"直到型"循环结构中，循环条件在后，循环体在前，即每一轮循环要先执行循环体，然后对循环条件进行判断，如果循环条件为真，则退出循环；反之则继续执行下一轮循环。例如，同学们持续听讲，直到下课铃响。

我们可以使用通用的流程图来表示"当型"和"直到型"循环结构，如图 8-39 所示。

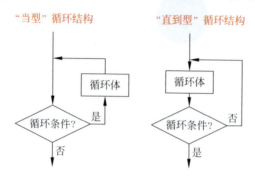

图 8-39　循环结构的两种类型

"当型"和"直到型"循环结构的对比如表 8-3 所示。

表 8-3　"当型"和"直到型"循环结构的对比

区别	当型	直到型
顺序不同	先判断条件，后执行循环体	先执行循环体，后判断条件
条件不同	条件为真时，执行循环体，条件为假时，退出循环	条件为假时，执行循环体，条件一旦为真，就退出循环

执行步骤如下。

第 1 步：设置变量 n 代表项数，变量 sum 代表和，并初始化，使 $n=1$，sum=0。

第 2 步：确定循环体：sum=sum+n，$n=n+1$。

第 3 步：确定循环条件：若采用"当型"结构，循环条件是 $n<=100$，满足条件则执行循环体，不满足则退出循环；若采用"直到型"结构，循环条件是 $n>100$，满足条件则跳出循环，不满足则执行循环体。

使用"当型"或"直到型"两种循环结构的流程图如图 8-40 所示。

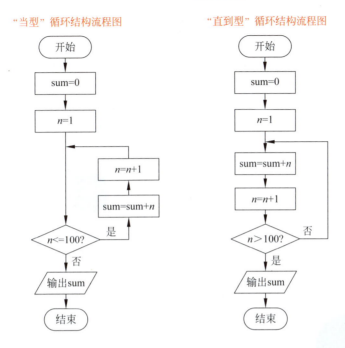

图 8-40 两种循环结构的流程图

3. 用枚举法求数列之和的编程实现

视频观看

我们已经绘制好流程图，现在要完成的功能是：按 1 键时，小姑娘立刻计算并说出等差数列 1、2、3、…、100 的和。请问如何编程实现？

Scratch中的循环指令

在 Scratch 的 "控制" 模块列表中共有 3 个循环指令积木："重复执行……次""重复执行直到""重复执行"，如图 8-41 所示。

图 8-41　Scratch 中的循环指令

重复执行……次：该指令积木通常用于明确知道执行次数的场景。在指令内部隐含了一个记录循环次数的变量"已循环次数"，循环条件是判断"已循环次数"跟"设定次数"的大小关系，可以用"当型"或"直到型"两种流程图表示，如图 8-42 所示。

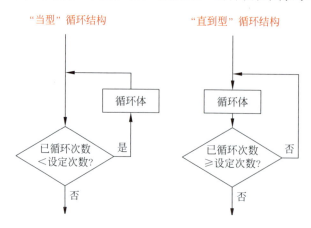

图 8-42　重复执行……次

重复执行直到：该指令积木是一种条件前置的"直到型"循环结构。普通"直到型"循环结构是先执行一次循环体，然后才进行条件判断；而这个指令积木的条件判断位于循环体之前，如果条件已经为真，可以不执行循环体就直接退出循环，注意区分该指令积木和普通"直到型"循环结构的流程图，如图 8-43 所示。

重复执行：该指令不限制重复的次数及重复的终止条件，可以用于长期侦测或往复运动等场景，但是该指令并不是毫无限制的无限循环。

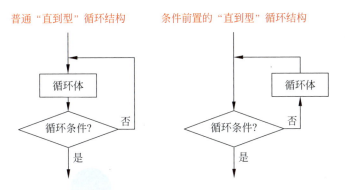

图 8-43　重复执行直到

重复执行指令的有穷性

"重复执行"指令看起来是进行无限次循环,似乎与我们之前学习过的算法"有穷性"(一个算法应包含有限的操作步骤而不能是无限的)相悖。那么这个"重复执行"指令和算法的"有穷性"是否存在矛盾呢?实际上,由该指令积木组成的循环结构也存在有穷性,体现在以下几种情况。

情况 1:当"绿旗"被单击是触发事件中的指令,而当红色停止键被单击则是内置的隐形指令,一旦"当红色停止键被单击"这个条件为真,就退出循环,程序停止,这相当于"直到型"循环结构,重复执行循环体直到红色停止键被单击,如图 8-44 所示。

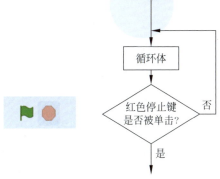

图 8-44　重复执行指令的有穷性情况 1

情况 2:"重复执行"搭配"如果……那么……"条件选择指令,组合成"直到型"循环结构——重复执行循环体,直到条件为真,则退出循环。如图 8-45 所示,循环体是 x 坐标逐渐增加,循环条件是"碰到舞台边缘",如果条件为真,就停止"这个脚本"。

情况 3:"重复执行"搭配"如果……那么……"或"如果……那么……否则……"条件选择指令,组合成"当型"循环结构——当条件成立就执行循环体,否则一直等待。

如图 8-46 所示，当按下 → 键时，x 坐标增加，否则静止不动。

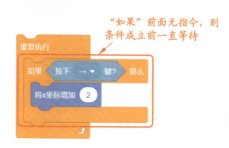

"如果"前面无指令，则
条件成立前一直等待

图 8-45　重复执行指令的有穷性情况 2　　　　图 8-46　重复执行指令的有穷性情况 3

　　总之，"重复执行"这个指令积木通过与内置隐形指令和条件选择指令的组合，可以实现算法的有穷性。

 **Act**

　　执行步骤如下。

第 1 步：设置背景和角色。

设置背景为 Chalkboard，并将角色小姑娘 Ballerina 放置在合适位置。

第 2 步：根据流程图编写程序。

如图 8-47 和图 8-48 所示的几种方法都能得到正确结果。

4.　灵活设置循环体——解题目2

 **Ask**

视频观看

　　对于题目 2：$1+1/2+1/3+\cdots+1/98+1/99+1/100=?$，已经没有公式能用于解这道题了，若是光靠纸、笔来计算，恐怕得算到头发都白了，这就充分体现出了计算机编程的优势。请参考题目 1 的解法，画出求解题目 2 的流程图，并编程实现按下 2 键时让小姑娘说出答案。

方法1：循环特定次数（当型/直到型）　　方法2：当型

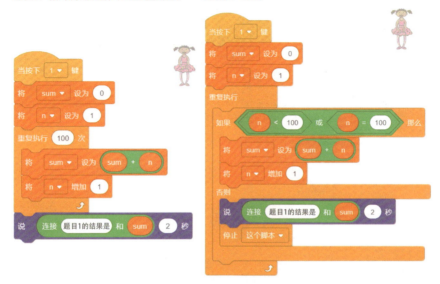

图 8-47　根据流程图编写程序 1

方法3：直到型1　　　　　　　　　方法4：直到型2

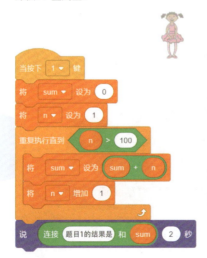

图 8-48　根据流程图编写程序 2

灵活设置循环体

观察对比题目 1 和题目 2，找出异同。

题目 1：1+2+3+…+100= ?

题目 2：1+1/2+1/3+…+1/98+1/99+1/100= ?

相同之处：循环条件都是要计算到项数为 100 ；都是数列求和。

不同之处：各项的数值与项数 n 的关系不同，题目 1 中各项数值为 n，题目 2 中各项数值为 $1/n$。

所以需要把循环体修改为：sum=sum+1/n，$n=n+1$。

画出求解题目 2 的流程图并编程，如图 8-49 所示。

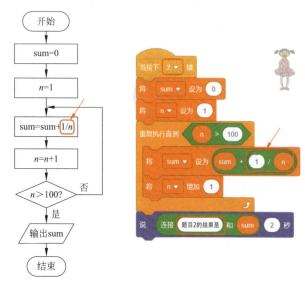

图 8-49　题目 2 的流程图及编程界面

5. 灵活设置循环条件——解题目3

题目 3：1+2+3+…+n>10000，求 n 的最小值。请参考题目 1 的解法，画出求解题目 3 的流程图，并编程实现按下 3 键时让小姑娘说出答案。

灵活设置循环条件

观察对比题目 1 和题目 3，找出异同。

题目 1：1+2+3+…+100= ？

题目 3：1+2+3+…+n>10000，求 n 的最小值。

相同之处：都是数列求和；循环体相同；各项数值为 n。

不同之处：循环条件和所求目标不同，题目 1 的循环条件是项数达到 100，求的是数列的和；而题目 3 的循环条件是和大于 10000，求的是最小的项数 n。

所以需要把循环条件修改为：sum>10000 ？

画出求解题目 3 的流程图并编程，如图 8-50 所示。需要注意的是，当达到条件后，n 又增加了 1，所以跳出循环后需要让 n 减去 1，才能得到正确的 n 的最小值。

6. 创意扩展

1×2×3×…×n 叫作 n 的阶乘，记作 $n!$。请编程实现当按下 4 键，询问用户"n 的大小是多少？"，等用户输入数值后让角色说出 n 的阶乘。

完成程序后保存为"智能赛高斯 1"。

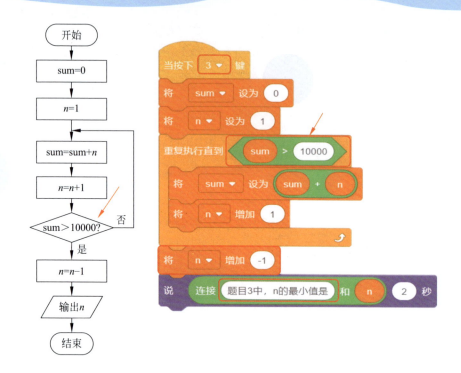

图 8-50　题目 3 的流程图及编程界面

8.4.4　收 获 总 结

类别	收　获
生活态度	通过借助计算机求数列之和，认识了"善假于物"的重要性，培养使用工具的主动意识
知识技能	（1）等差数列的公式求和方法； （2）用枚举法实现等差数列的求和； （3）循环结构包括循环体和循环条件； （4）循环结构分成当型和直到型两种，了解两种循环结构的差异和转换方法；

续表

类别	收　获
知识技能	（5）Scratch 中 3 个主要的循环指令积木（重复执行……次、重复执行直到、重复执行）及其实现的循环结构； （6）灵活设置循环体和循环条件
思维方法	（1）通过借助计算机求数列之和，锻炼了借用思维； （2）通过多个程序分别计算出"等差数列 1、2、3、…、100 的和"，锻炼了多元思维

8.4.5　学习测评

一、选择题（不定项选择题）

1. 用求和公式计算等差数列 1、2、3、…、1000 的和是多少？（　　　）

    A．50500　　　　　　　　　　　B．500500

    C．50050　　　　　　　　　　　D．500050

2. 下列关于循环结构的组成的说法中，正确的有哪些？（　　　）

    A．循环结构包括循环体、循环条件和是否满足条件标记 3 个组成部分

    B．循环结构包括循环体、循环条件、循环次数 3 个组成部分

    C．循环体是指重复执行的动作，可以是单步动作或组合动作

    D．循环体可以是顺序执行的动作，也可以是其他循环结构

3. 下列关于循环结构的类型的说法中，正确的有哪些？（　　　）

    A．在"当型"循环结构中，循环条件在前，循环体在后

    B．在"当型"循环结构中，循环体在前，循环条件在后

    C．在"直到型"循环结构中，循环条件在前，循环体在后

    D．在"直到型"循环结构中，循环体在前，循环条件在后

4. 下列关于循环结构的说法中，正确的有哪些？（　　　）

    A. 在"当型"循环结构中，条件为真时，执行循环体

    B. 在"当型"循环结构中，条件为假时，执行循环体

    C. 在"直到型"循环结构中，条件为真时，执行循环体

    D. 在"直到型"循环结构中，条件为假时，执行循环体

二、设计题

请编程计算下列算式的结果（可根据已掌握的数学知识选做）：

$1+3+5+7+\cdots+199=$?

$1.1 \times 2.1 \times 3.1 \times \cdots \times 9.1=$?

$1^2+2^2+3^2+\cdots+100^2=$?